中等职业教育**机电技术应用**专业**课程改革成果**系列教材

气动与液压控制技术训练

李建英　庄明华　主　编

陆建忠　副主编

清华大学出版社

北　京

内 容 简 介

本书分为两篇。基础知识篇主要以实际应用课题为主线，阐述了气动系统的组成、气动基本回路、气动元件使用的场合和气动回路的搭建，主要内容包括气源装置与气动辅助元件的认识、送料装置、冲压装置、夹紧装置、自动输送装置、零件抬升装置、碎料压实机、压膜机、压印机、开关门控制装置、组合机床动力滑台系统。项目实践篇以项目实施为主线指导了对气动系统回路的分析、维修和设计，主要内容包括具有互锁的两地单独操作回路控制、延时返回的单往复回路控制、采用双电控电磁阀的连续往复回路控制、多气缸、主控阀为单电控电磁阀电-气控制回路的延时顺序控制、双缸多往复电-气联合控制回路控制、加工中心工作台夹紧回路模拟控制、加工中心盘式刀库气动回路模拟控制、设计气动钻床气动回路控制、液压动力滑台回路控制。

本书既可作为中等职业学校机电技术应用及相关专业的教材，也可作为相关行业的培训教材。

图书在版编目(CIP)数据

气动与液压控制技术训练/李建英，庄明华主编. --北京：清华大学出版社，2014(2024.8 重印)
中等职业教育机电技术应用专业课程改革成果系列教材
ISBN 978-7-302-34313-4

Ⅰ. ①气… Ⅱ. ①李… ②庄… Ⅲ. ①气压传动－中等专业学校－教材 ②液压传动－中等专业学校－教材 Ⅳ. ①TH138 ②TH137

中国版本图书馆 CIP 数据核字(2013)第 252580 号

责任编辑：帅志清
封面设计：傅瑞学
责任校对：刘　静
责任印制：杨　艳

出版发行：清华大学出版社
网　　址：https://www.tup.com.cn，https://www.wqxuetang.com
地　　址：北京清华大学学研大厦 A 座　　**邮　　编**：100084
社 总 机：010-83470000　　**邮　　购**：010-62786544
投稿与读者服务：010-62776969，c-service@tup.tsinghua.edu.cn
质量反馈：010-62772015，zhiliang@tup.tsinghua.edu.cn
印 装 者：北京建宏印刷有限公司
经　　销：全国新华书店
开　　本：185mm×260mm　　**印　　张**：14.5　　**字　　数**：324 千字
版　　次：2014 年 3 月第 1 版　　**印　　次**：2024 年 8 月第 9 次印刷
定　　价：49.00 元

产品编号：052929-02

编审委员会

前言

FOREWORD

随着企业自动化程度和自动化设备的不断普及，机电技术应用专业人才市场需求的不断加大，气动控制技术已逐步成为机电技术应用专业的主干课程。现有的很多教材中普遍存在着比较重视元器件原理叙述，而没有真正把元器件原理的知识点融入实际工程应用中进行讲解。本书针对这些问题，以实际应用实例为突破口，首先让学生知道这些元件和控制回路在什么样的情况下使用，然后再来学习元件的外形形状、图文符号、结构特点、工作原理和工作过程。最后通过实训使学生进一步掌握这些元件是如何使用的，以及在使用中要注意的问题，做到边学边做，使学生更有学习兴趣。本书以培养学生实际动手能力为主要目的，所选内容操作性强。在阐述内容上力求简明扼要、图文并茂、通俗易懂，使初学者能够尽快掌握气动与液压的技术。

本书由李建英、庄明华担任主编，陆建忠担任副主编。课题1、项目3由江苏省海门中等专业学校李建英编写，课题2～课题6、项目2由江苏省南通中等专业学校庄明华编写，课题7和课题8由江苏省靖江中等专业学校许江平编写，课题9和课题10由江苏省海门中等专业学校蔡红艳编写，课题11、项目1由江苏省海门中等专业学校于海艳编写，项目4和项目5由江苏省无锡立信中等专业学校钟耀光编写，项目6和项目7由江苏省东洲中学陆建忠编写，项目8和项目9由江苏省无锡立信中等专业学校陈震乾编写。全书由江苏省惠山中等专业学校徐益清主审。

由于编写人员水平有限，书中一定存在不足之处，恳切希望广大读者提出宝贵意见。

编　者

序 PREFACE

职业教育是通过课程这座桥梁来实现其教育目的和人才培养目标的，任何一种教育教学的改革最终必定会落实到具体的课程上。课程改革与建设是中等职业教育专业改革与建设的核心，而教材承载着职业教育的办学思想和内涵、课程的实施目标和内容，高质量的教材是中等职业教育培养高质量人才的基础。

随着科技的不断进步和新技术、新材料、新工艺的不断涌现，我国的机械制造、汽车制造、电子信息、建材等行业的快速发展为机电技术应用提供了广阔的市场。同时，机电行业的快速发展对从业人员的要求也越来越高。现代企业既需要从事机电技术应用开发设计的高端人才，也需要大量从事机电设备加工、装配、检测、调试和维护保养的高技能机电技术人才。企业不惜重金聘请有经验的高技能机电技术人才已成为当今职业院校机电技术专业毕业生高质量就业的热点。经济社会的发展对高技能机电技术人才的需求定会长盛不衰。

《中等职业教育机电技术应用专业课程改革成果系列教材》是由江苏、浙江两省多年从事职业教育的骨干教师合作开发和编写的。本套教材如同职业教育改革浪潮中迸发出来的一朵绚丽浪花，体现了“以就业为导向、以能力为本位”的现代职教思想，践行了“工学结合、校企合作”的技能型人才培养模式，为实现“在做中学、在评价中学”的先进教学方法提供了有效的操作平台，展现了专业基础理论课程综合化、技术类课程理实一体化、技能训练类课程项目化的课程改革经验与成果。本套教材的问世，充分反映了近几年职教师资职业能力的提升和师资队伍建设工作的丰硕成果。

职业教育战线上的广大专业教师是职业教育改革的主力军，我们期待着有更多学有所长、实践经验丰富、有思想善研究的一线专业教师积极投身到专业建设、课程改革的大潮中来，为切实提高职业教育教学质量，办人民满意的职业教育，编写出更多、更好的实用专业教材，为职业教育更美好的明天作出贡献。

张　萍

目录

CONTENTS

第一篇　基础知识篇

第一篇

基础知识篇

课题 1

气源装置与气动辅助元件的认识

学习目标

(1) 了解空气压缩机的类型。

(2) 掌握气源装置的组成、图形符号及工作原理。

(3) 熟悉气动辅助元件的类型、特点、图形符号及其作用。

技能目标

(1) 会正确安装气源装置及辅助元件。

(2) 掌握气源装置及气动辅助元件的调试方法。

(3) 掌握气源装置及气动辅助元件在系统中的应用。

(4) 能够分析判断空气压缩机故障及其产生原因。

随着机电一体化技术的飞速发展,特别是气动与液压技术、传感器技术、PLC技术、网络技术及通信技术等科学的互相渗透而形成的机电一体化技术被各种领域广泛应用后,气动技术已成为当今工业科技的重要组成部分。自动生产线气动系统中各气动回路是由动力元件、执行元件和控制元件、辅助元件组成的,传输介质是压缩空气。气动系统的正常工作离不开动力源,动力源及气源装置由空气压缩机、冷却器、除油器、储气罐和干燥器组成。气动系统的辅助元件也是保证气动系统正常工作不可缺少的组成部分,包括空气过滤器、减压阀、油雾器和管件等。

本课题主要介绍气源装置的组成和作用以及空气压缩机的正确使用。

任务 1.1　认识空气压缩机

在气压系统中,压缩空气是传递动力和信号的工作介质,气压系统能否可靠地工作,在很大程度上取决于系统中所用的压缩空气。因此在学习、认识压缩机之前,须对气源系统及气源系统的组成概念作必要介绍。

1. 气源系统及其组成

气源系统为气动设备提供满足要求的压缩空气。由产生、处理和储存压缩空气的设备组成的系统称为气源系统，气源系统一般由气压发生装置、压缩空气的净化处理装置和传输管路系统组成。图 1-1-1 所示为压缩空气产生和传输原理。

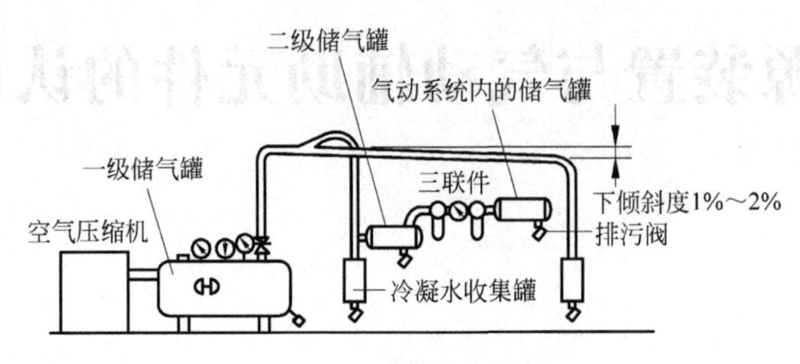

图 1-1-1 气源系统组成原理

2. 空气压缩站

压缩空气是气动技术的控制介质，气动技术的最终目的是利用压缩空气来驱动不同的机械装置。气动系统工作时，工作介质(空气)中水分和固体颗粒杂质等的含量决定着系统能否正常工作。因此，在气源系统中必须对空气进行压缩、干燥、净化处理。对空气进行压缩、干燥、净化处理并向各个设备提供洁净、干燥的压缩空气的装置，称为空气压缩站。图 1-1-2 所示为空气压缩站。

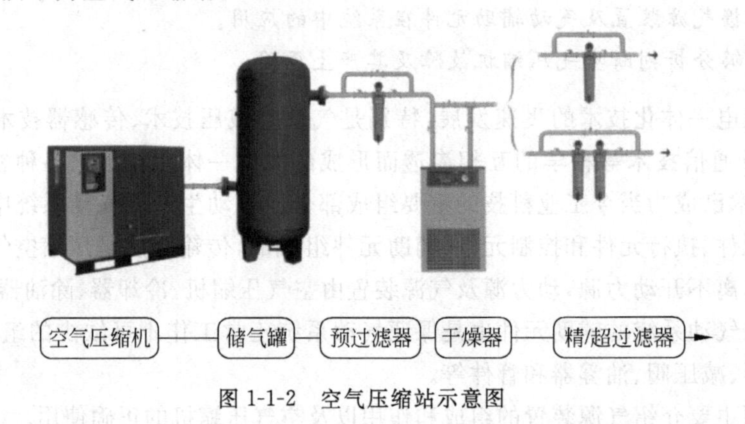

图 1-1-2 空气压缩站示意图

3. 空气压缩机

空气压缩机简称空压机。空气压缩机是空气压缩站的核心装置，它的作用是将电动机输出的机械能转换成压缩空气的压力能供给气动系统使用。

4. 空气压缩机的分类

按压力大小不同，空气压缩机可分为低压型(0.2～1.0MPa)、中压型(1.0～10MPa)

和高压型(大于 10MPa)。按工作原理的不同,空气压缩机可分为容积型和速度型。容积型空气压缩机的工作原理是将一定量的连续气流限制在封闭的空间里,通过缩小气体来提高气体的压力。按结构不同,容积型空气压缩机又可分为往复式和回转式。

空气压缩机的分类如图 1-1-3 所示。

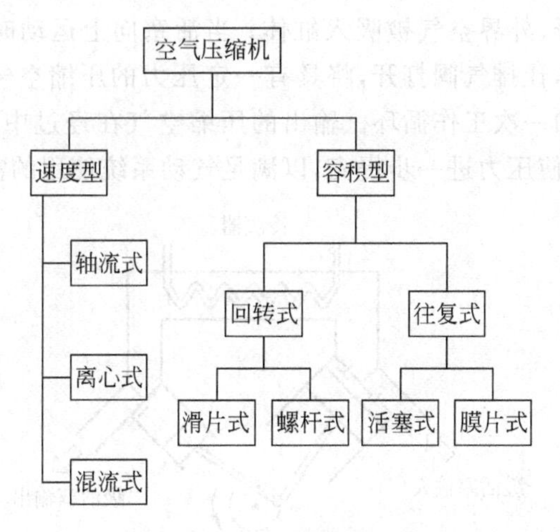

图 1-1-3　空气压缩机的分类

5. 空气压缩机的工作原理

1) 单级活塞式空气压缩机

单级活塞式空气压缩机是最常用的空气压缩机形式,曲柄连杆机构使活塞做往复运动而实现吸气和压气,并提高气体压力。其工作原理如图 1-1-4 所示。当活塞下移时,气缸内气体体积增加,缸内气体压力小于大气压,空气便从进气阀进入缸内。在冲程末端,活塞向上运动,排气阀门被打开,输出压缩空气进入储气罐。活塞的往复运动是由电动机带动曲柄滑块机构完成的。这种单级活塞式空气压缩机,只要一个工作过程就将吸入的大气压缩到所需要的压力。

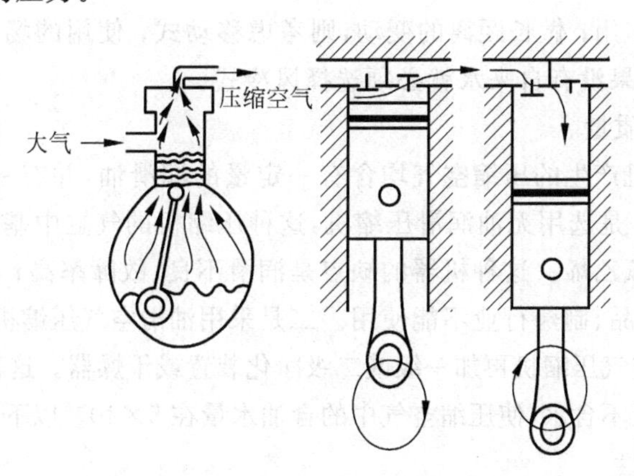

图 1-1-4　单级活塞式空气压缩机的工作原理

2) 二级活塞式空气压缩机原理

二级活塞式空气压缩机的工作原理如图 1-1-5 所示，通过曲柄滑块机构带动活塞做往复运动，使气缸容积的大小发生周期性的变化，从而实现对空气的吸入、压缩和排气。图 1-1-5 中一级活塞为输入，当活塞向下运动时，缸体内容积相应增大，气体下降形成真空。大气将吸气阀顶开，外界空气被吸入缸体；当活塞向上运动时，缸体内容积缩小，压力升高，使吸气阀关闭，让排气阀打开，将具有一定压力的压缩空气向二级活塞输出。这样就完成了一级活塞的一次工作循环。输出的压缩空气在经过中间冷却器冷却后，由二级活塞进行二次压缩，使压力进一步提高，以满足气动系统使用的需要。

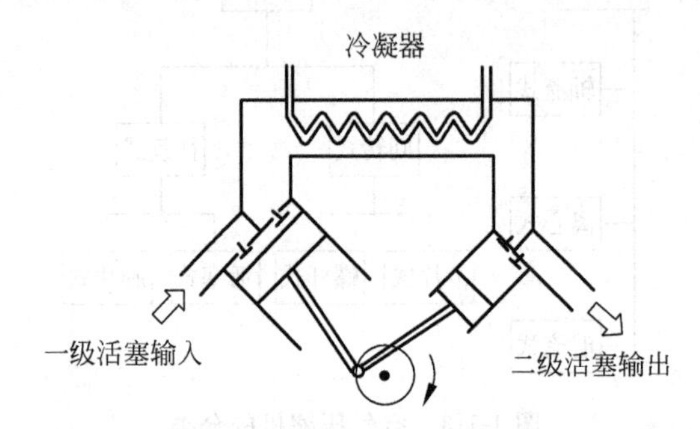

图 1-1-5 二级活塞式空气压缩机工作原理示意图

6. 空气压缩机的选用

空气压缩机主要依据工作可靠性、经济性与安全性进行选择。

1) 排气压力的高低和排气量的大小

空气压缩机的排气压力为 0.7MPa，如果大于 0.8MPa，一般要特别制作，不能强行增压，以免造成事故。

2) 用气的场合和环境

用气的场合和环境也是选择压缩机形式的重要因素。用气场地狭小，应选用立式空气压缩机，如船用、车用；做长距离的变动，则考虑移动式；使用的场合不能供电，则应选择柴油机驱动式，如果没有自来水就必须选择风冷式。

3) 压缩空气的质量

一般空气压缩机产生的压缩空气均含有一定量的润滑油，并有一定量的水。解决办法大致分为两种：一是选用无油润滑压缩机，这种压缩机的气缸中基本不含油，其活塞环和填料一般为聚四氟乙烯。这种机器的缺点是润滑不良、故障率高；另外，聚四氟乙烯也是一种有害物质，食品、制药行业不能使用。二是采用油滑空气压缩机，再进行净化。通常的做法是用任一种空气压缩机再加一级或二级净化装置或干燥器。这种装置可使压缩机输出的空气既不含油又不含水，使压缩空气中的含油水量在 5×10^{-6} 以下，已满足工艺要求。

4) 运行的安全性

空气压缩机是一种带压工作的设备，工作时伴有温升和压力，其运行的安全性要放在首位。此外，还必须设置压力调节器，实行超压卸荷双保险。只有安全阀而没有压力调节阀,不但影响机器的安全系数,也会使运行的经济性降低。

7. 空气压缩机的故障及排除

空气压缩机在启动、工作和停车时应完成的工作内容以及常见故障和排除方法如表 1-1-1 和表 1-1-2 所列。

表 1-1-1 在启动、工作和停车时空气压缩机应完成的工作内容

项目	内 容
启动时	注意听机器声,在机器运转 1～2min 后,观察压力和振动有无异常
工作时	注意机器的运转指标是否正常,如排气量、振动、噪声等;储气罐和后冷却器的油水要定期排放,以免压缩空气带走
停车后	切断电源,停止空气及运转,待机器冷却后将储气罐底部的排水阀打开并放出污水,关闭冷却水,打扫卫生

表 1-1-2 空气压缩机的常见故障及排除方法

故障现象	产生原因	排除方法
启动不良	排气单向阀泄漏 压力开关失灵 排气阀损坏 电动机单相运转 低温启动 熔丝熔断	拆卸、检查并清洗阀门 更换 拆卸更换 修理、测量电源电压 保温、使用低温用润滑油 更换
运转声音异常	阀损坏 炭粒堆积 轴承磨损 带打滑	拆卸、清洗、更换 拆卸、清洗 拆卸、检查、更换 调整张力
压缩不足	阀动作失灵 活塞环咬紧缸筒 气缸磨损 压力计抖动 吸气过滤器阻塞	拆卸、检查 拆卸、检查、清洗 拆卸、更换 调整或更换 清扫或更换
润滑油消耗过量	压缩机倾斜 润滑油管理不善 吸入粉尘	位置修正 定期补油、换油 检查吸气过滤器
凝液排出	气罐内凝液忘记排出	定期排放凝液
润滑油白浊	曲柄室内结露	移至低温场所

8. 知识链接

1) 叶片式空气压缩机

图 1-1-6 所示为叶片式空气压缩机的工作原理。当转子旋转时,离心力使得叶片与定子内壁相接触,从进气口到排气口,相邻两叶片间的空间逐渐减少,因此能压缩空气。

叶片式空气压缩机与活塞式空气压缩机比较,没有进气阀和排气阀,输出压缩空气的压力脉动小。叶片式空气压缩机在进气口需向气流喷油,目的是起润滑和密封作用。

(1) 转子及机壳间成为压缩空间,当转子开始转动时,空气由机体进气端进入。

(2) 转子转动使吸入的空气转至机壳与转子间气密范围,同时停止进气。

(3) 转子不断转动,气密范围变小,空气被压缩。

(4) 被压缩的空气压力升高达到额定压力后由排气端排出进入油气分离器内。

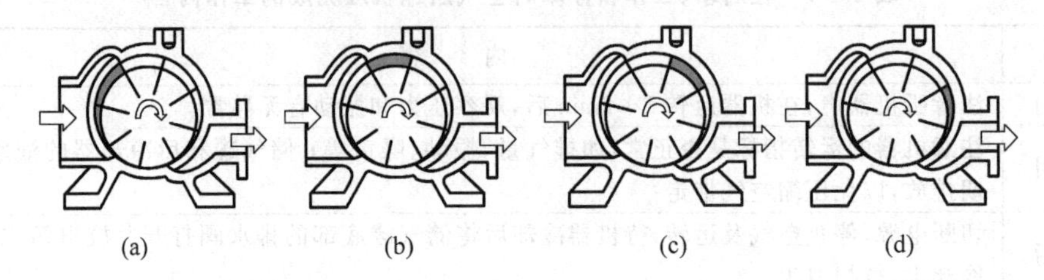

图 1-1-6 叶片式空气压缩机的工作原理示意图

(a) 进气;(b) 开始压缩;(c) 压缩中;(d) 排气

2) 螺杆式空气压缩机

图 1-1-7 所示为螺杆式空气压缩机的工作原理。在壳体中两个啮合的螺旋转子以相反方向运动,它们中自由空间的容积沿轴向减少,从而压缩两转子间的空气。

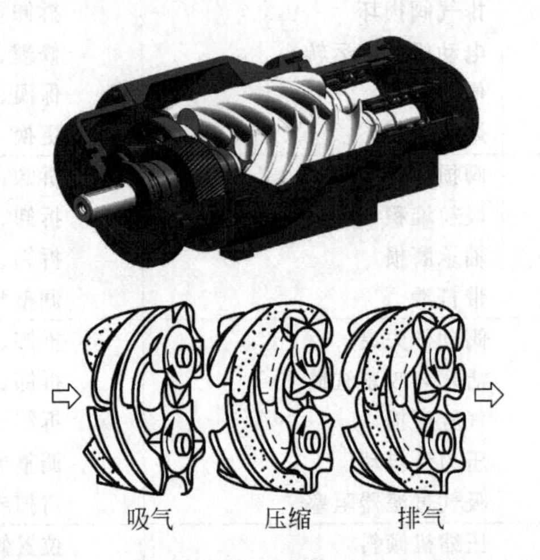

图 1-1-7 螺杆式空气压缩机的工作原理示意图

3) 常用术语

(1) 压力,指单位面积承受力,单位为 MPa、bar、kgf,换算关系:1MPa=10bar=10kgf。

(2) 排气量,指出气口排出空气量,单位为 m^3/min

(3) 功率,指单位时间做功的多少,单位为 kW。

(4) 气体含油量,指排出气体在单位时间、单位体积的含油量,单位为 10^{-6}。

(5) 压缩比,指压缩机排气和进气的绝对压力之比。

9. 思考与练习

(1) 空气压缩机是气源装置的核心，将机械能转化为________。

(2) 气动系统是由________、________、________、________和________等部分组成。

(3) 按结构不同，可将空气压缩机分为________、________两大类。

(4) 空气压缩机对安装有何要求？

(5) 空气压缩机在选用时主要考虑哪些因素？

任务 1.2　认识气源净化装置

自由空气通过空气压缩机压缩后，压力虽然有较大提高，但还需经过冷却、干燥、净化等处理才能使用。空气质量不良是气动系统出现故障的最主要原因。空气中的污染物会使气动系统的可靠性和使用寿命大大降低，由此造成的损失大大超过气源处理装置的成本和维修费用，故正确选用气源处理系统及元件是非常重要的。常用的空气净化装置主要有除油器、后冷却器、空气干燥器和空气过滤器、储气罐。

1. 除油器

除油器又称油水分离器，它的作用是分离压缩空气中凝聚的水分、油分和灰尘等杂质，使压缩空气得到初步净化。

工作原理：压缩空气从入口进入除油器壳体后，气流先受到隔板的阻挡，被撞击而折回向下；之后又上升并产生环形回转，最后从出口排出。依靠惯性作用，除油器将密度比压缩空气大的油滴和水滴分离出来。定期打开排油口处的阀门，排除杂质。除油器的结构形式有环形回转式、撞击并折回式、离心旋转式、水浴并旋转离心式等。除油器实物、结构原理和图形符号如图 1-1-8 所示。

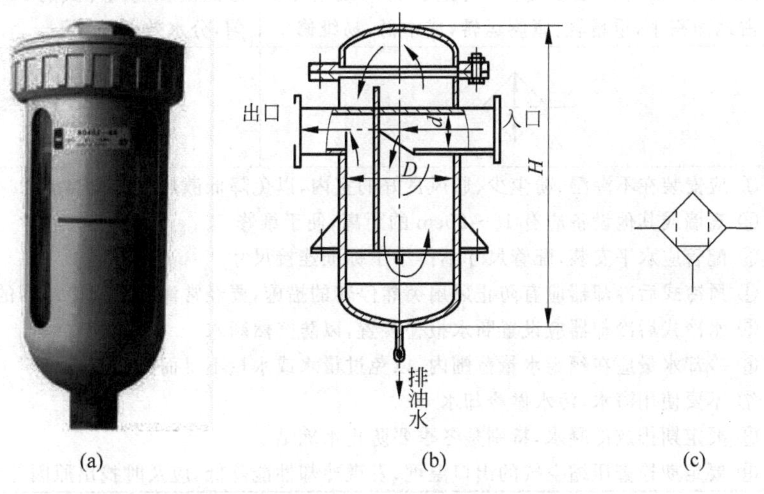

图 1-1-8　除油器实物、结构原理和图形符号

(a) 除油器实物；(b) 结构原理；(c) 图形符号

2. 后冷却器

空气压缩机输出的压缩空气温度可达 120℃以上，在此温度下，空气中的水分完全呈气态，后冷却器的作用就是将空气压缩机出口的高温空气冷却器降至 40℃以下，将大量水蒸气和变质油雾冷凝成液态水滴和油滴，以便将它们清除掉。后冷却器一般安装在空气压缩机的出口管道上，可分为风冷式和水冷式两种，其特点如表 1-1-3 所列。图 1-1-9 所示为后冷却器实物、工作原理及图形符号。

表 1-1-3 后冷却器的特点

类 型	风冷式后冷却器	水冷式后冷却器
结构图	入口空气(高温) 出口空气(低温) 冷却空气 排水	气体入口 气体出口 冷却水
工作原理	风冷式是通过风扇产生的冷空气吹向散热片的热空气管道，对压缩空气进行冷却	水冷式是通过强迫冷却水沿压缩空气流动的反方向流动来进行冷却的
适用环境	适用于入口空气温度低于 100℃且需处理空气量较少的场合	适用于入口空气温度低于 200℃且需处理空气量较大、湿度大、尘埃多的场合
优、缺点	风冷式不需冷却水设备，不用担心断水或结冰，占地面积小，重量轻，紧凑运转，成本低，易维修	散热面积是风冷式的 25 倍，热交换均匀，分水效率高
图形符号		
后冷却器使用注意事项	① 应安装在不潮湿、粉尘少、通风良好的室内，以免降低散热片的散热能力 ② 离墙或其他设备应有 15～20cm 的距离，便于维修 ③ 配管应水平安装，配管尺寸不得小于标准连接尺寸 ④ 风冷式后冷却器应有防止风扇突然停转的措施，要经常清扫风扇冷却器的散热片 ⑤ 水冷式后冷却器应设置断水报警装置，以防突然断水 ⑥ 冷却水量应在额定水量范围内，以免过量水或水量不足而损伤传热管 ⑦ 不要使用海水、污水做冷却水 ⑧ 要定期排放冷凝水，特别是冬季要防止水冻结 ⑨ 要定期检查压缩空气的出口温度，发现冷却性能降低，应及时找出原因并予以排除	

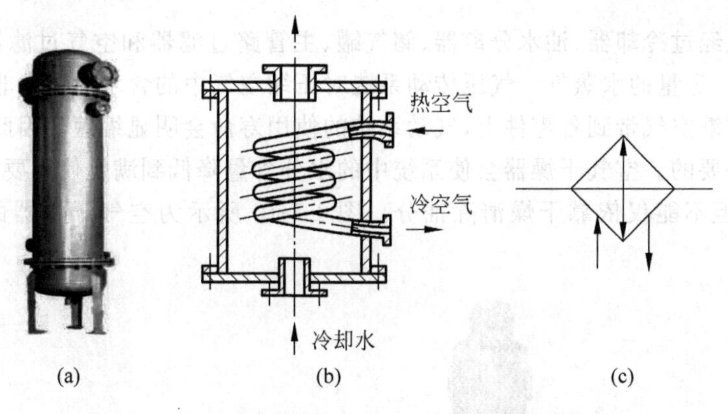

图 1-1-9　后冷却器的实物、工作原理及图形符号

(a) 后冷却器实物；(b) 工作原理；(c) 图形符号

3. 空气干燥器

空气干燥器的作用是吸收和排除压缩空气中水分和部分油分与杂质，使湿空气成为干空气。压缩空气的干燥方法有冷冻法、吸附法和吸收法，其工作原理及特点如表 1-1-4 所列。

表 1-1-4　空气干燥器工作原理及特点

项目	冷冻式空气干燥器	吸附式空气干燥器	吸收式空气干燥器
工作原理图	干燥空气；热交换器；冷却装置；潮湿空气；制冷剂；分水排水器；人工排出；制冷机 空气干燥，冷冻干燥法	潮湿空气；截止阀；前置过滤器；吸附剂；吸附剂；热空气；加热器；干燥空气 空气干燥，吸附干燥法	干燥空气；干燥剂；冷凝水；潮湿空气；冷凝水排放 空气干燥，吸收干燥法
工作原理	将湿空气冷却到其露点温度以下，使空气中的水蒸气凝结成水滴并清除出去，然后再将压缩空气加热到环境温度并输送出去	压缩空气中的水分被吸附剂吸收，达到干燥压缩空气的目的。这种方法所用吸附剂可再生	吸收干燥法是一个纯化学过程。在干燥罐中，压缩空气中的水分与干燥剂发生反应，使干燥剂溶解。液态干燥剂可从干燥罐底部排出。根据压缩空气温度、含湿量和流速，及时填满干燥剂
特点	结构紧凑，使用维护方便，维护费用低；适用于空气处理量较大的场合	不受水的冰点温度限制，干燥效果好	基本建设和操作费用低，但进口温度不超过30℃；干燥剂的化学物质有强烈的腐蚀性，必须检查滤清

压缩空气经过冷却器、油水分离器、储气罐、主管路过滤器和空气过滤器得到初步净化后，仍含有一定量的水蒸气。气压传动系统对压缩空气中的含水量要求非常高，如果过多的水分经压缩空气带到各零件上，气动系统的使用寿命会明显缩短。因此，安装空气干燥器是十分必要的。空气干燥器会使系统中的水分含量降低到满足使用要求和零件保养要求的水平，但不能仅依靠干燥清除油分。图 1-1-10 所示为空气干燥器的实物和图形符号。

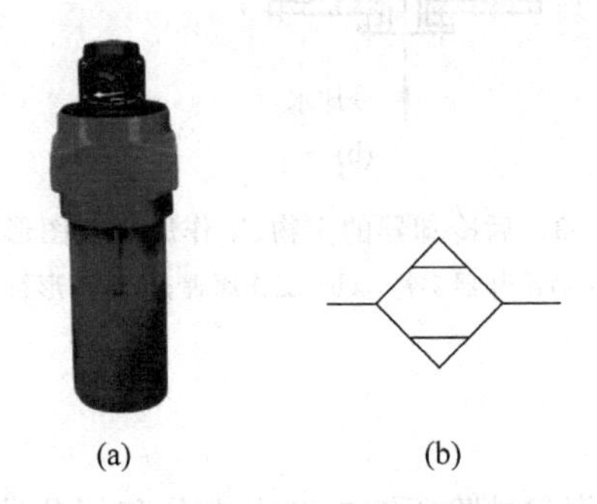

(a) (b)

图 1-1-10 空气干燥器的实物及图形符号

(a) 干燥器实物；(b) 图形符号

4. 知识链接——储气罐

1）储气罐的作用

(1) 用来储存一定量的压缩空气，一方面可解决短时间内用气量大于空气压缩机输出气量的矛盾，另一方面可在空气压缩机出现故障或停电时，作为应急气源维持短时间供气，以便采取措施保证气动设备的安全。

(2) 减少压缩机输出气流的脉动，保证输出气流的连续。

(3) 进一步降低压缩空气温度，分离压缩空气中的部分水分和油分。利用储气罐的大表面积散热使压缩空气的一部分水蒸气凝结为水。

2）储气罐的结构

储气罐一般采用圆筒状焊接结构，有立式和卧式两种，一般以立式居多。储气罐上装有安全阀、压力表、排水阀，以及便于检查和清洁其内部的检修盖。立式储气罐的外形、结构及图形符号如图 1-1-11 所示。

5. 思考与练习

(1) 干燥器是为了进一步除去压缩空气中的________、________，使________变为干燥空气。干燥器一般安装在________。

(2) 后冷却器一般安装________的出口管道上，可分为________和水冷式两种。

(3) 为什么要设置后冷却器？常见的结构有哪些？

(4) 除油器是怎样除掉压缩空气中所含的油分和水分等杂质的？

(5) 储气罐的作用有哪些？

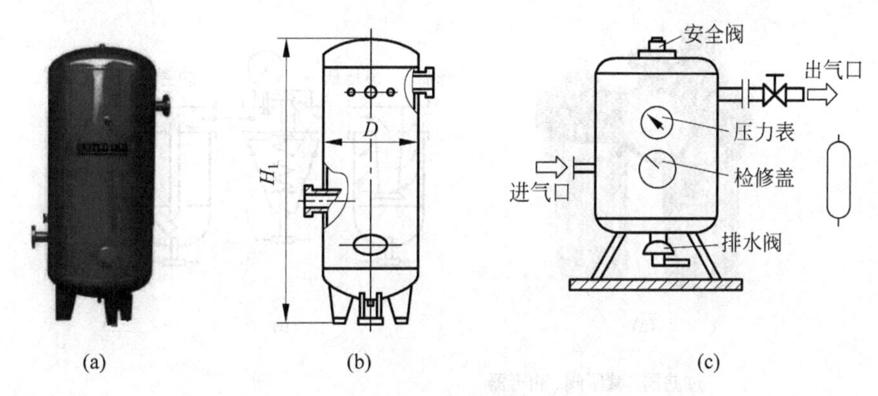

图 1-1-11 立式储气罐的外形、结构及图形符号

(a) 外形；(b) 尺寸；(c) 结构及图形符号

任务 1.3 认识气源调节装置(气动三联件)

气源调节装置是由分过滤器、减压阀、油雾器依次无管化连接而成的组件，在多数气动设备中是必不可少的。气动三联件安装在用气设备的近处，压缩空气经过三联件的最后处理，进入各气动元件及气动系统。因此，气动三联件是气动元件与气动系统使用压缩空气质量的最后保证。

1. 气动三联件

气源调节装置通常称为气动三联件，是接入气动系统的气源端口，包含过滤器、带表的减压阀和油雾器，具有过滤、减压和润滑的功能。

在气动系统中常用的气源处置，联合使用时，其顺序应为空气过滤器—调压阀(减压阀)—油雾器，不能颠倒。这是因为调压阀内部有阻尼小孔和喷嘴，这些小孔容易被杂质堵塞而造成调压阀失灵，所以进入调压阀的气体要通过空气过滤器进行过滤。而油雾器中产生的油雾为避免受到阻碍或被过滤，则应安装在调压阀后面。在采用无油润滑的回路中不需要油雾器，所以有时又叫二联件。图 1-1-12 是三联件的实物、结构原理及图形符号。

2. 空气过滤器

空气过滤器主要用于除去压缩空气中的固态杂质、水滴、油污等污染物，是保证气动设备正常运行的重要元件。按过滤器的排水方式，可分为手动排水式和自动排水式。空气过滤器的原理是根据固体物质与空气分子大小和质量不同，利用惯性、阻隔和吸附的方法将灰尘和杂质与空气分离。图 1-1-13 所示为空气过滤器实物、结构原理及图形符号。

当压缩空气从左向右通过过滤器时，经过叶栅导向后，被迫沿着滤杯的圆周向下做旋

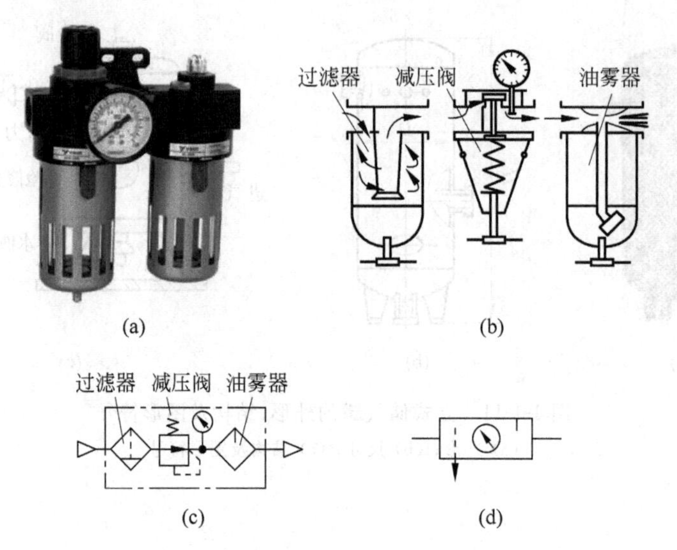

图 1-1-12 三联件的实物、结构原理及图形符号

(a) 外形；(b) 结构及工作原理；(c) 详细符号；(d) 简化符号

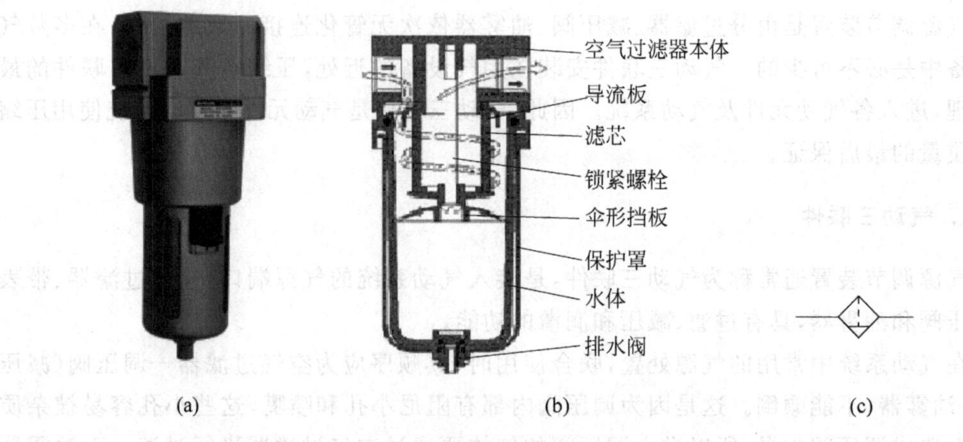

图 1-1-13 空气过滤器实物、结构原理及图形符号

(a) 外形；(b) 结构原理；(c) 图形符号

转运动。旋转产生的离心力使较重的灰尘颗粒、小水滴和油滴由于自身惯性的作用在滤杯内壁碰撞，并从空气中分离出来流至杯底沉积下来。其后压缩空气流过滤芯，进一步过滤掉更细微的杂质微粒，最后经输出口输出的压缩空气供气动装置使用。为防止气流漩涡卷起存于杯中的污水，在滤芯下部设有伞形挡板。手动排水阀必须在液位到达伞形挡板前定期开启以放掉积存的油、水和杂质。有些场合由于人工观察水位和排放不方便，可以将手动排水阀改为自动排水阀，实现自动定期排放。空气过滤器必须垂直安装，压缩空气的进出方向也不可颠倒。空气过滤器的滤芯长期使用后，其通过小气孔逐渐堵塞，使得气流通过能力下降，因此应对滤芯进行定期清洗或更换。

3. 调压阀(减压阀)

在气动传动系统中,空气压缩站输出的压缩空气压力一般都高于每台气动装置所需的压力,且压力波动较大。调压阀的作用是将输入的较高空气压力调整到符合设备使用要求的压力,并保持输出压力稳定。由于调压阀的输出压力必然小于输入压力,所以调压阀也常称为减压阀。

减压阀有直动式和先导式两种。图 1-1-14 所示为直动式减压阀实物、结构原理和图形符号。当顺时针旋转调压旋钮,调压弹簧被压缩,推动膜片和阀杆下移,进气阀芯打开,在输出口有气压输出。同时输出气压经阻尼孔作用在膜片上产生向上的推力,该推力总是减小阀的开口,降低输出压力。该推力与调压弹簧作用力平衡时,阀的输出压力便稳定。

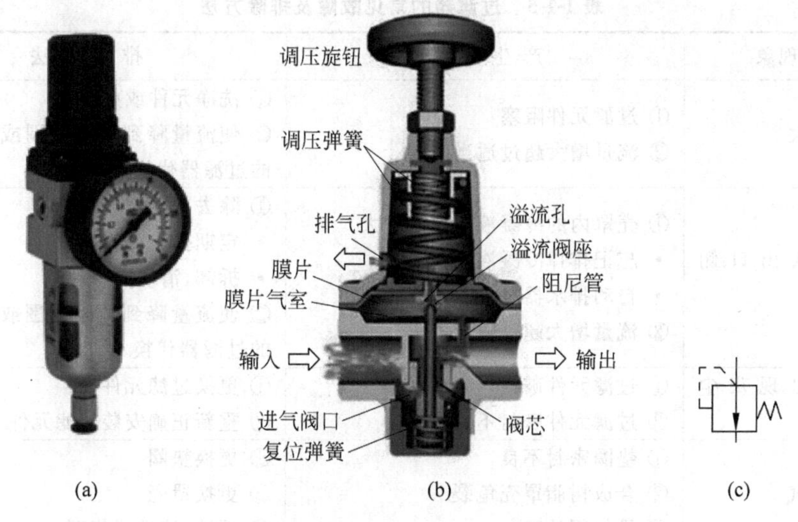

图 1-1-14　直动式减压阀实物、结构原理及图形符号

(a) 实物;(b) 结构原理;(c) 图形符号

4. 油雾器

油雾器是一种特殊的注油装置,它以压缩空气为动力,将特定的润滑油喷射成雾状混合于压缩空气中。随压缩空气进入需要润滑的部位,以达到润滑的目的。

油雾器的实物、工作原理及图形符号如图 1-1-15 所示。假设压力为 p_1 的气流从左向右流经文氏管后压力降为 p_2,当输入压力 p_1 和 p_2 的压差 Δp 大于把油吸到排出口所需压力 ρgh(ρ 为油液的密度)时,油被吸到油雾器上部,在排出口形成油雾并随压缩空气输送到需润滑的部位。在工作过程中,油雾器油杯中的润滑油位应始终保持在油杯上、下限刻度之间。油位过低导致油管露出液面。

5. 知识链接

在三联件的使用过程中,会经常出现过滤器、减压阀和油雾器发生故障,其故障的原因和排除方法如表 1-1-5～表 1-1-7 所列。

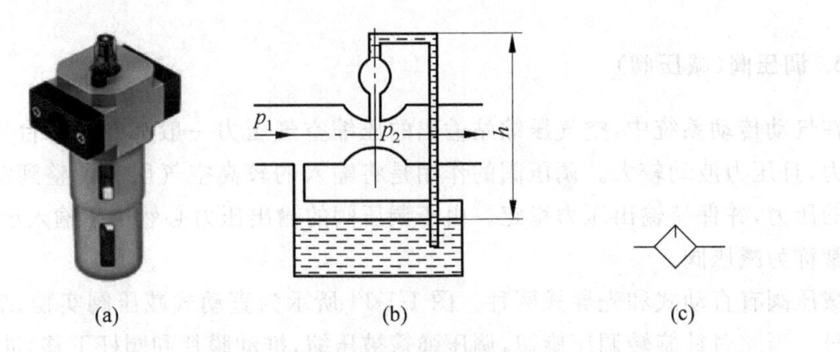

图 1-1-15 油雾器实物、原理及图形符号
(a) 实物；(b) 原理；(c) 图形符号

表 1-1-5 过滤器的常见故障及排除方法

故障现象	产生原因	排除方法
压力降增大	① 过滤元件阻塞 ② 流量增大超过适当范围	① 洗净元件或更换 ② 使流量降到适当范围或用大容量的过滤器代换
冷凝液从出口侧排出	① 壳罩内的冷凝液流出量过大 • 忘记排掉冷凝液 • 自动排水器故障 ② 流量增大超过适当范围	① 除去冷凝液 • 定期排出冷凝液 • 拆卸,清洗或修理 ② 使流量降到适当范围或用大容量的过滤器代换
出口侧出现灰尘异物	① 过滤元件破损 ② 过滤元件密封不良	① 更换过滤元件 ② 重新正确安装过滤元件
向外部漏气	① 垫圈密封不良 ② 合成树脂罩壳龟裂 ③ 排气阀故障	① 更换垫圈 ② 更换罩壳 ③ 拆卸、清洗或修理
合成树脂罩壳破裂	① 使用于有机溶剂气体环境 ② 空气压缩机润滑油中特种添加剂的影响 ③ 空气压缩机吸入空气中含有对树脂有害的物质 ④ 用有机溶剂清洗罩壳	① 换用金属罩壳 ② 换用其他种类的空气压缩机润滑油 ③ 换用金属壳罩 ④ 更换罩壳(清洗改用中性洗涤剂)

表 1-1-6 减压阀故障及排除方法

故障现象	产生原因	排除方法
出口压力上升	① 阀的弹簧损坏折断 ② 阀体中阀座部分损坏 ③ 阀座部分被异物划伤 ④ 阀体的滑动部分有异物附着	① 更换弹簧 ② 更换阀体 ③ 清洗、检查进口处过滤件 ④ 清洗、检查进口处过滤件
外部漏气	① 膜片破损 ② 密封垫片损伤 ③ 手轮止动螺母松动	① 更换膜片 ② 更换密封件 ③ 拧紧

续表

故障现象	产生原因	排除方法
压降太大	① 阀的口径太小 ② 阀内有异物堆积	① 换用大口径的阀 ② 清扫、检查过滤器
阀门异常振动	弹簧位置安装不正	使之安装位置正确
无法调节压力	调压弹簧折断	调换调压弹簧

表 1-1-7　油雾器的常见故障及排除方法

故障现象	产生原因	排除方法
没有滴油（滴下量无法调节）	① 润滑油品种不对 ② 油的通路被灰尘等异物阻塞 ③ 油面没有加压 ④ 因油质劣化流动性差 ⑤ 因周围温度过低，油的黏度增高 ⑥ 油量调节螺钉不良 ⑦ 油雾器气流方向装反	① 拆卸、清洗并采用正常的透平油 ② 拆卸并清洗油的通路 ③ 拆卸并清洗空气导入罩壳部分 ④ 拆卸、清洗后换入新油 ⑤ 使周围温度提高到适用温度 ⑥ 拆卸并清洗油量调节螺钉 ⑦ 变换安装方向
罩壳内的油有冷凝液混入	过滤器罩壳内冷凝液积存过多流入油雾器	排出冷凝液同时将过滤器内的积水定期排出
向外部漏气	① 垫圈密封不良 ② 合成树脂罩壳龟裂 ③ 滴油视窗	① 更换垫圈 ② 更换罩壳 ③ 更换视窗
合成树脂罩壳和滴油视窗破损	① 在有机气体环境使用 ② 空气压缩机润滑油中特殊添加剂的影响 ③ 空气压缩机吸入空气中含有对树脂有害的物质 ④ 罩壳和滴油视窗用有机溶剂清洗	① 使用金属罩壳及玻璃视窗 ② 换用其他种类的空气压缩机润滑油 ③ 换用金属罩壳 ④ 换掉罩壳（清洗改用中性洗涤剂）

6. 思考与练习

（1）拆卸油雾器实物，认识其结构。辨认油雾器立杆、截止阀阀芯、弹簧、储油杯、吸油管、单向阀、节流阀、视油器和油塞等。

（2）练习油雾器在不停气的状态下加油。旋松油塞，完成从油塞口给油雾器加油。加油完毕，旋紧油塞。

（3）一般的气源装置主要由空气压缩机、________、________、储气罐、空气干燥器等组成。

（4）油雾器一般安装在________之后尽量靠近________。

（5）油雾器的作用是什么？

（6）减压阀的作用是什么？减压阀安装在什么位置？

任务1.4 认识管件

为了输送液体或气体，必须使用各种管道。管道中除直管道用钢管以外，还要用到各种管件：管道拐弯时必须用弯头；管道变径时要用大小头；管道分叉时要用三通；管道接头与接头相连接时要用法兰；为达到开启输送介质的目的，还要用各种阀门；为减少热膨冷缩或频繁振动对管道系统的影响，还要用膨胀节。此外，在管路上，还有与各种仪器、仪表相连接的各种接头、堵头等。通常将管道系统中除直管以外的其他配件统称为管件。

1. 管件

管件包括管道和管接头。管道用来输送压缩空气并连接各元件。管道有金属管和非金属管，常用金属管、非金属管的使用和特点见表1-1-8。表1-1-9所列为管件与辅助元件实物图。

表1-1-8 常用金属管、非金属管的使用和特点

类型	种类	特点	应用
金属管	镀锌钢管、不锈钢管、拉制铝管和纯铜管等	防锈性能好，但价格高	工厂气源主干道、大型气动装置，高温、高压、固定不动
非金属管	硬尼龙管、软尼龙管、聚氨酯管	经济，轻便，拆装容易，工艺性好，不生锈，流动阻力小，但存在老化问题	有多种颜色，化学性好，有柔性，在气动设备上大量使用。不适合高温场合，且易受外部损伤

表1-1-9 管件与辅助元件实物图

名称	实物图
软管	
管接头	

续表

名　称	实　物　图
三通	
四通	
压力表	
空气分配器	 

2. 知识链接

管接头的形式和使用场所见表 1-1-10。

表 1-1-10　管接头的形式和使用场所

接头形式	实物图	结　构　图	使用场所
卡套式管接头		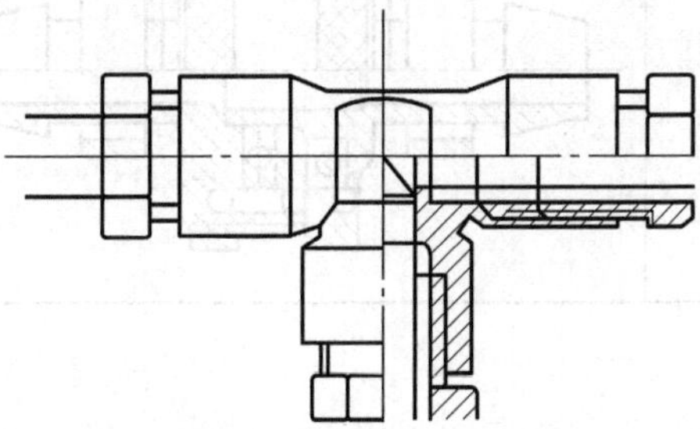	用于连接紫铜管、尼龙管。管接头材料为黄铜，公称压力为 1MPa，使用温度小于 150℃；尼龙管的使用温度为常温

续表

接头形式	实物图	结构图	使用场所
扩口式管接头		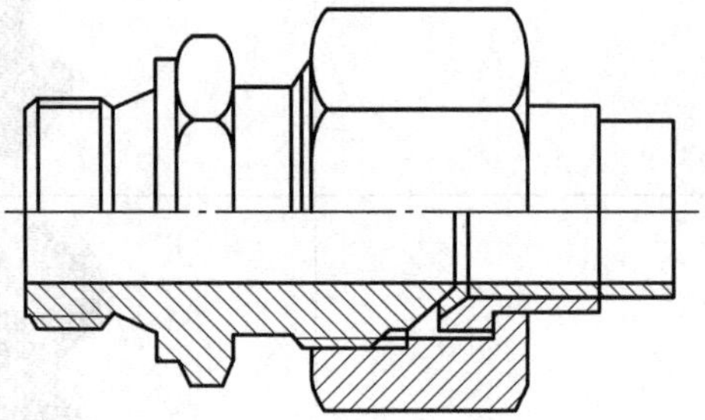	用于连接外径为 4～34mm 的无缝钢管
卡箍式管接头		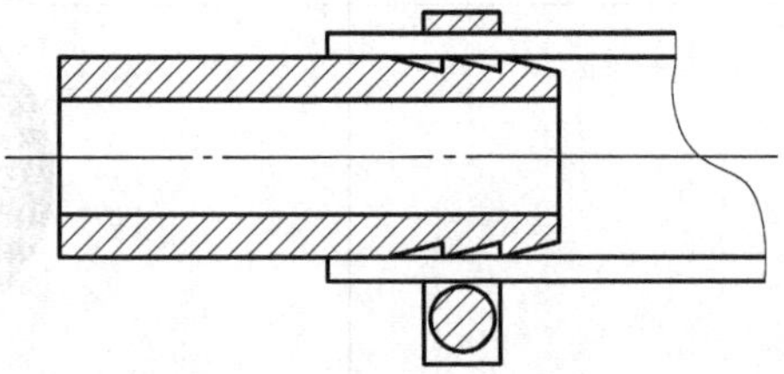	适用于较大直径软管，外用卡箍卡紧。用于不经常拆装的连接处
插入式管接头		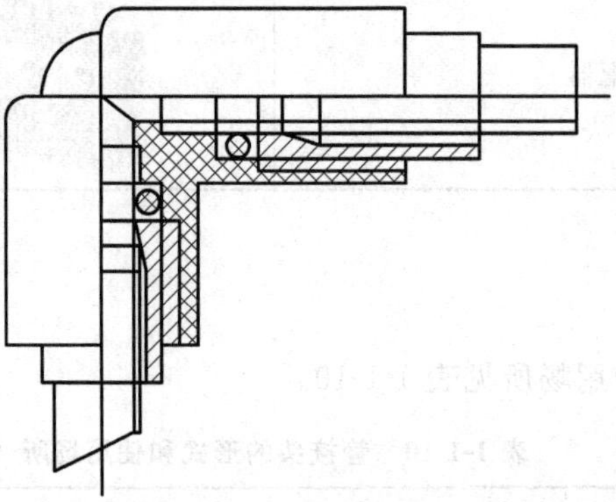	主要用于气动元件的小直径软管（如尼龙管、塑料管）的连接。使用时，将管子端头剪平，管子插到头再退回一些，卡头便将软管卡紧
快换管接头		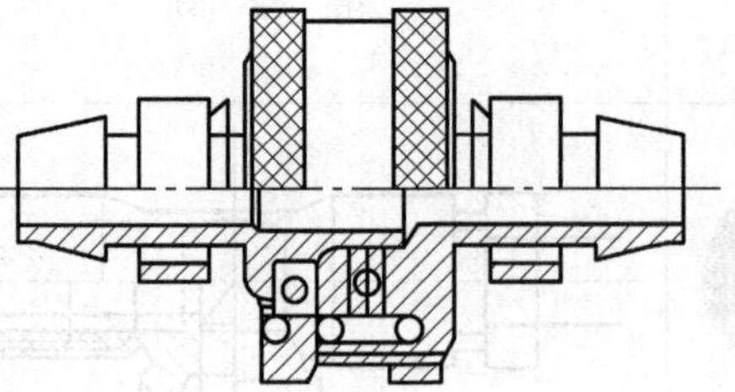	适用于急需或经常拆卸的管路中，如气动工具。它是一种既不需要使用工具，又能实现迅速拆卸的管接头

续表

接头形式	实物图	结　构　图	使用场所
回转管接头		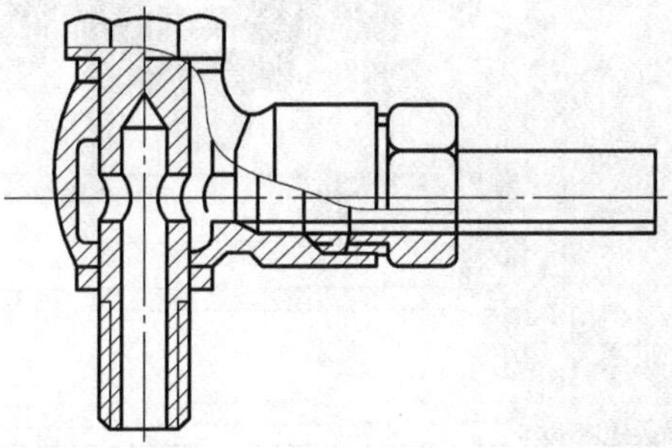	适用于现场工作位置需要经常变更的场合，如气动工具的管路连接处。可转动部分采用铰链连接方式，气管可在360°范围内任意转动

3. 思考与练习

（1）认识各种管道和管接头。

（2）管接头有哪几种形式？各用于何种场所？

任务1.5　连接气源与管路

气压传动以压缩空气作为传动介质，从空气压缩机输出的压缩空气要通过管路系统输送到气动设备上。气动信号管道的安装位置应避开高温，以及物料的排放口，易泄漏、易受机械损伤及有碍检修的场所。连接管路的质量为设备的正常运行提供保障。

1. 设备初调准备

（1）连接气源。从空气压缩机阀口处用6mm软管连接气源处理单元（气动三联件），如图1-1-16、图1-1-17所示。

图1-1-16　连接气源空气压缩机

(2) 在操作板的左角位置安装气源处理单元和气源分配器,如图 1-1-18 所示。

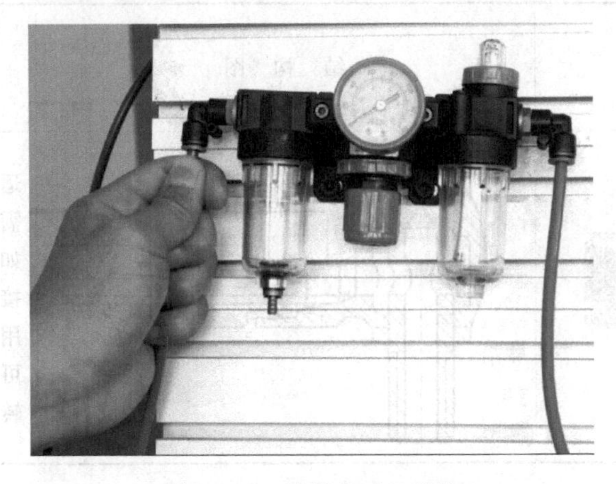

图 1-1-17 连接气动三联件

图 1-1-18 安装气源处理单元和气源分配器

(3) 用 6mm 软管连接气源供给管路和气源分配器,如图 1-1-19 所示。

图 1-1-19 连接气源供给管路和气源分配器

2. 压力调整

(1) 打开气动压缩机的阀门,拉下(或拔出)气动三联件减压阀的盖子,逆时针方向旋转减压阀以增加压力,如图 1-1-20 所示。

图 1-1-20 调整压力

(2) 顺时针方向旋转减压阀减小压力。调整完毕向上轻推后锁紧。

(3) 正常情况下,设置压力为 6bar(0.6MPa)。

3. 供气系统管道的设计原则

1) 按供气压力和流量要求考虑

若工厂中的各气动设备、气动装置对压缩空气源压力有多种要求,则气源系统管道必须满足最高压力要求。若仅采用同一个管道系统供气,对供气压力要求较低的可通过减压阀减压来实现。

气源供气系统管道的管径大小取决于供气的最大流量和允许压缩空气在管道内流动的最大压力损失。为避免在管道内流动时有较大的压力损失,压缩空气在管道中的流速一般应小于 25m/s。一般对于较大型的空气压缩站,在厂区范围内,从管道的起点到终点,压缩空气的压力降不能超过气源初始压力的 8%;在车间范围内,不能超过供气压力的 5%。若超过,可采用增大管道直径的办法来解决。

2) 从供气的质量要求考虑

如果气动系统中多数气动装置无气源供气质量要求,可采用一般的供气系统。若气动装置对气源供气质量有不同的要求,且采用同一根气源管道供气,则其中对气源供气质量要求较高的气动装置,可采用就近设置小型干燥过滤装置或空气过滤器的方法来解决。若绝大多数气动装置或所有装置对供气质量都有要求时,就应采用清洁供气系统,即在空气压缩站内气源部分设置必要的净化和干燥装置,并用同一管道系统给气动装置供气。

3）从供气的可靠性、经济性考虑

科学合理的管道布局是供气系统能否经济可靠运行的决定因素。一般可以将供气网设计为环形馈送形式来提高供气的可靠性和压力的恒定性，如图 1-1-21 所示。

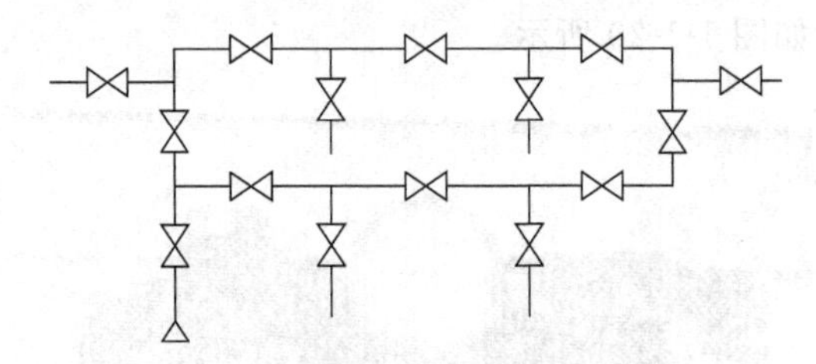

图 1-1-21　环网管网供气系统示意图

4）从防止污染的角度考虑

要注意防止管路中沉积的水分对设备造成污染。如图 1-1-1 所示，长管路不应水平布置，而应有 1%～2%的斜度以方便管道中冷凝液的排出，并在管路终点设置集水罐，以便定期排放沉积的污水。分支管路及气动设备从主供气管路上接出压缩空气，必须从主供气管路的上方大角度拐弯后再接出，以防止冷凝水流入分支管路和设备。各压缩空气净化装置和管路中排出的污物，也应设置专门的排放装置，并进行定期排放。

4. 知识链接

1）生产学习经验

(1) 在很多压力容器或压力仪表中会采用 psi 作为压强单位，其定义为 lb/in^2，145psi＝1MPa(1lb＝0.45kg，1in＝2.54cm)。

(2) 空气压缩站有多种不同的组合形式，在本课题中图 1-1-2 就是列举实际使用中的一个案例，是根据生产设备和产品对空气质量的要求对空气压缩站进行设计。值得注意的是，空气压缩站内各设备排列顺序是不能颠倒的，按先后顺序应为空气压缩机、后冷却器、油水分离器、储气罐、空气干燥器、过滤器。

(3) 过滤器滤杯中污水一定要定期排放。如果污水水位过高，就会使污水被气流卷起，反而降低了空气的净化程度。

(4) 减压阀长时间不使用时，应拧松其调压旋钮，避免其内部膜片长期在弹簧力作用下产生变形。

(5) 对于无油润滑的元件，一旦进行了油雾润滑，就不能中断使用。因为润滑油会将元件内原有的油脂洗去，中断后会造成润滑不足。

(6) 气动系统的管接头形式主要有：卡箍式管接头，主要适用于棉线编织胶管；卡套式管接头，主要适用于有色金属、硬质尼龙管；插入式管接头，主要适用于尼龙管、塑料管。

(7) 气动元件需定期检修，所以设备内部配管一般应选用单手即可拆装的快插接头。

2）常用的阀符号

常用的阀符号如表 1-1-11 和表 1-1-12 所列。

表 1-1-11　气动换向阀的通路数与图形符号

名称	二　通		三　通		四　通	五　通
	常断	常通	常断	常通		
符号	2 1	2 1	2 1 3	2 1 3	4 2 1 3	4 2 5 1 3

表 1-1-12　常见阀的通路数和切换位置综合表示法

名称	二　位		三　位		
			中位封闭	中位加压	中位卸压
二通	2 1 常断	2 常通			
三通	2 1 3 常断	2 1 3 常通			
四通	4 2 1 3		4 2 1 3	4 2 1 3	4 2 1 3
五通	4 2 5 1 3		4 2 5 1 3	4 2 5 1 3	4 2 5 1 3

3）换向阀的结构特点

（1）截止式换向阀

截止式换向阀的特点是行程短，流阻小，结构尺寸小，阀芯始终受进气压力，所以密封性好，适用于大流量场合，但换向冲击较大。

（2）滑阀式换向阀

滑阀式换向阀的特点是行程长，开启时间长，换向力小，通用性强，一般要求使用含有油雾剂的压缩空气。

（3）旋塞式换向阀

旋塞式换向阀的特点是运动阻力比滑阀式更大，但结构紧凑，通径在 20mm 以上的手动转阀中较多应用。

4）方向控制阀的“位”

方向控制阀的切换状态称为“位置”，有几个切换状态就称为几位阀。阀的切换状态由阀芯的工作位置决定。阀芯有两个工作位置的阀称为二位阀，阀芯有 3 个工作位置的阀称为三位阀。三位阀在阀芯处于中间位置时称为中位。

换向阀处于不同位置时，各通口之间的通断状态是不同的。各通口之间的通断状态表示在一个方块上，二位阀用两个方块表示，三位阀用3个方块表示。

阀的静止位置(即未加控制信号时的状态)称为零位，二位阀中有弹簧的位为零位，三位阀中位为零位。

5) 阀的通口数目及表示方法

阀的通口数目是指阀切换通口数目，不包括控制口数目。阀的切换通口包括输入口、输出口和排气口。二通阀有两个气口，即一个输入口(用1表示)和一个输出口(用2表示)。三通阀有3个气口，除1口和2口外，增加一个排气口(用3表示)。二通阀和三通阀有常通和常断之分。常通阀是指阀的控制口未加控制(即零位)，1口和2口相通，用箭头表示(箭头只表示相通，不表示方向)；反之，常断阀在零位时，1口和2口是断开的，用两个"⊥"表示。

阀的气口可用数字表示，也可用字母表示(符合ISO 5599标准)。两种表示方法的比较见表1-1-13。

表 1-1-13 数字表示和字母表示方法的比较

气　口	数字表示	字母表示	气　口	数字表示	字母表示
输入口	1	P	排气口	5	R
输出口	2	B	输出信号清零的控制口	(10)	(Z)
排气口	3	S	控制口	12	Y
输出口	4	A	控制口	14	Z(X)

5. 思考与练习

(1) 在试验台上进行气源与管路的搭建试验。

(2) 在管路设计时主要应考虑哪些因素？

课题 2

送料装置

学习目标

(1) 了解单作用气缸和手控、气控二位三通换向阀及梭阀的结构和原理。

(2) 掌握单作用气缸和手控、气控二位三通换向阀及梭阀的图形符号和应用场合。

(3) 会识读控制单作用气缸的回路图。

技能目标

(1) 会正确使用气动的相关设备。

(2) 会正确使用单作用气缸和手控、气控二位三通换向阀及梭阀。

(3) 根据控制系统回路图会正确安装气路。

(4) 会分析控制系统回路图动作过程。

(5) 完成设备的调试,并能进行相关的故障排除。

送料装置在工业自动化控制中应用极其广泛,它可以将物料从垂直料仓中推到加工位置或输送带上,也可以将输送带上的物料送到料槽或加工位置上,以便进入下一道工序。送料装置示意图及实物如图 1-2-1 所示。完成这一动作的执行元件是单作用气缸或双作用气缸。单作用气缸的控制方式不同,可以完成不同的工作任务。本课题学习使用单作用气缸和手控、气控换向阀完成送料装置控制回路。

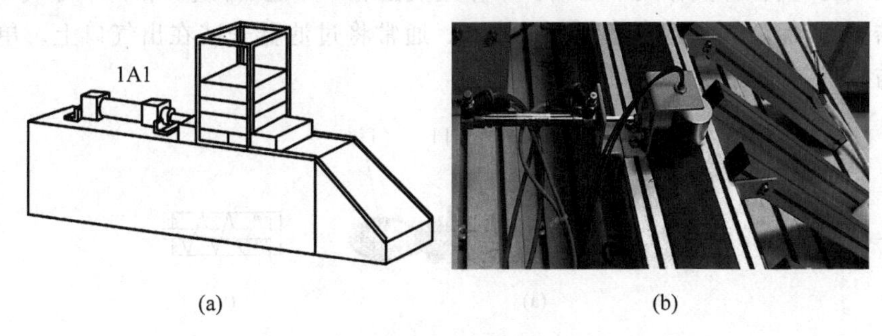

图 1-2-1 送料装置的示意图和实物

(a) 示意图;(b) 实物

任务 2.1　手动送料装置控制

在对所送物料体积不大、要求不高、距离较短且要求经济实惠的情况下，选用单作用气缸作为执行元件，采用直接手动控制方式的送料装置。

手动控制送料是最简单的方式，如图 1-2-2 所示。只需一个控制元件（手控换向阀）就能实现对单作用气缸的控制。这种控制方式称为直接控制。其优点是使用的元件较少；缺点是控制的可靠性和稳定性差，控制的功率小；一般适用于要求不高的简单控制场合。

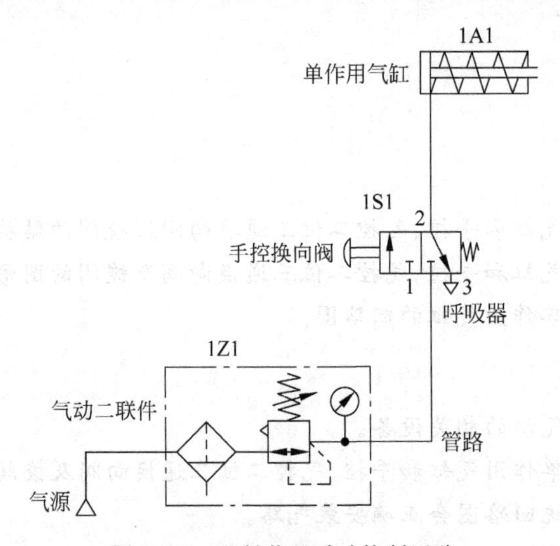

图 1-2-2　送料装置手动控制回路

1. 元件介绍

1）单作用气缸

(1) 实物及图形符号

单作用气缸属于气动执行元件。在压缩空气的作用下，单作用气缸的活塞杆伸出，当无压缩空气时，其在弹簧作用下回缩。单作用气缸有一个进、排气口和一个呼气口。呼气口必须洁净，以保证气缸活塞运动时无故障。通常将过滤器安装在出气口上。单作用气缸实物与图形符号如图 1-2-3 所示。

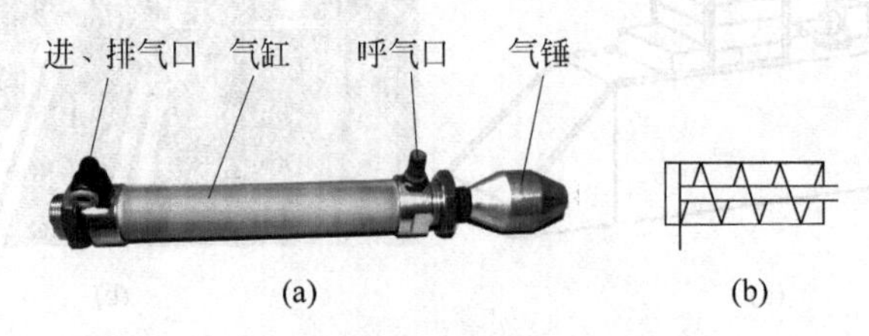

图 1-2-3　单作用气缸实物及图形符号

(a) 实物；(b) 图形符号

(2) 结构及工作过程

单作用气缸由进、排气口,呼气口,活塞杆,复位弹簧,缸筒,缸盖和密封圈组成,其结构示意如图 1-2-4(a)所示。

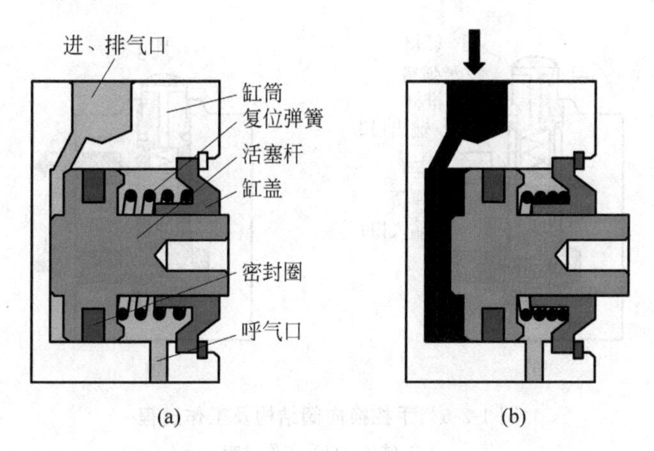

图 1-2-4 单作用气缸结构及工作过程

(a) 结构;(b) 工作过程

工作过程:当压缩空气从进、排气口进入,作用于活塞的下腔,空气的推力大于弹簧的反作用力时,而气缸内通过呼吸口与大气相通不构成阻力。此时,如图 1-2-4(b)所示,活塞杆伸出。进、排气口一直保持足够压缩空气使活塞杆一直处于伸出状态,当外部压缩空气撤去,缸内的压缩空气从进、排气口排出时,在复位弹簧的作用下,活塞杆缩回。

(3) 特点及适用场合

单作用气缸结构简单,耗气少,由于缸体内安装复位弹簧使得气缸有效行程减少;但由于复位弹簧的反作用力会随着压缩行程的增大而增大,使得活塞杆最后的输出力大大减小,所以单作用气缸多用于行程短且对活塞杆输出力和运动速度要求不高的场合。

2) 手控换向阀

(1) 实物及图形符号

手控换向阀属于气动控制元件。它依靠外力实现换向阀方向的切换。手控换向阀有一个输入口、一个输出口、一个呼气口和按钮。手控换向阀的图形符号分为常闭型和常开型两种,其实物与图形符号如图 1-2-5 所示。

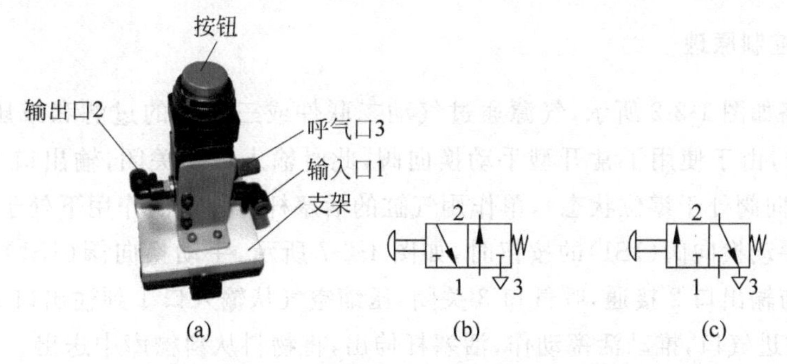

图 1-2-5 手控换向阀实物及图形符号

(a) 实物;(b) 常闭型图形符号;(c) 常开型图形符号

(2) 结构及工作过程

手控换向阀由输入口、输出口、呼气口、按钮、推杆、弹簧和阀体组成。其结构示意如图 1-2-6(a)所示。

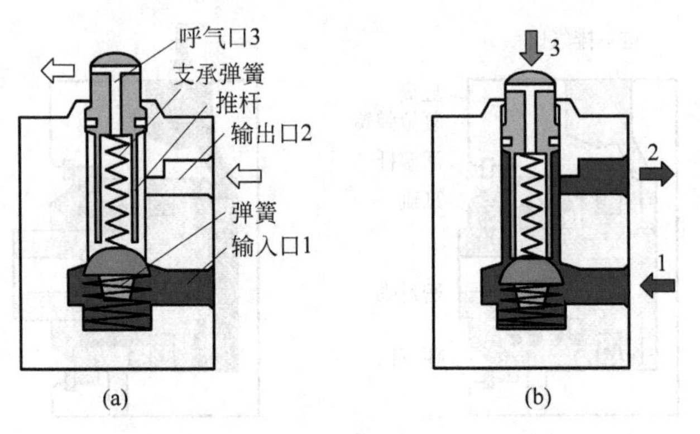

图 1-2-6 手控换向阀结构及工作过程

(a) 结构；(b) 工作过程

工作过程：对于常开型手控换向阀来说，如图 1-2-6(a)所示，按钮未按下时，换向阀处于上位，即零位或静止位，此时输入口 1 关闭，输出口 2 与呼吸口 3 相通。按钮按下时，如图 1-2-6(b)所示，换向阀工作处于下位，此时输入口 1 与输出口 2 相通，呼吸口 3 被关闭。按钮释放后，换向阀在弹簧的作用下上移——复位，即图形符号的右位。由于此换向阀有两个位置(图形符号的左位和右位)和 3 个气口(输入口 1、输出口 2 和呼气口 3)，所以此种换向阀称为二位三通换向阀。常闭型手动换向阀动作过程与此相反。

对于换向阀来说，"位"指的是为了改变流体方向，阀芯相对于阀体所具有的不同工作位置，表现在图形符号中，即图形中有几个方格就有几位；"通"指的是换向阀与系统相连的接口，有几个接口即为几通。

(3) 特点及适用场合

手控换向阀行程短，流阻小，阀芯始终受进气压力，所以密封性好，但增加了阀芯换向时所需的操纵力。适用于小规格、中低气压和使用频率较低、动作速度较慢的场合。手控换向阀在手控系统中，一般用来直接操纵气动执行机构，在自动化和半自动化系统中，多作为信号阀使用。

2. 气路控制原理

控制回路如图 1-2-2 所示，气源通过气动二联件或三联件的过滤和减压送到手动换向阀输入口 1，由于使用了常开型手动换向阀，此时输入口 1 关闭，输出口 2 与呼气口 3 接通(手动换向阀处于零位状态)，单作用气缸的活塞杆在弹簧的作用下处于缩回状态。

当按下手动换向阀(1S1)的按钮时，如图 1-2-7 所示，手动换向阀(1S1)工作在左位，则输入口 1 与输出口 2 接通，呼气口 3 关闭，压缩空气从输入口 1 到输出口 2 进入单作用气缸(1A1)的进气口，推动活塞动作，活塞杆伸出，将物料从料槽库中送出。

当释放手动换向阀(1S1)的按钮后，手动换向阀(1S1)在弹簧的作用下复位，手动换

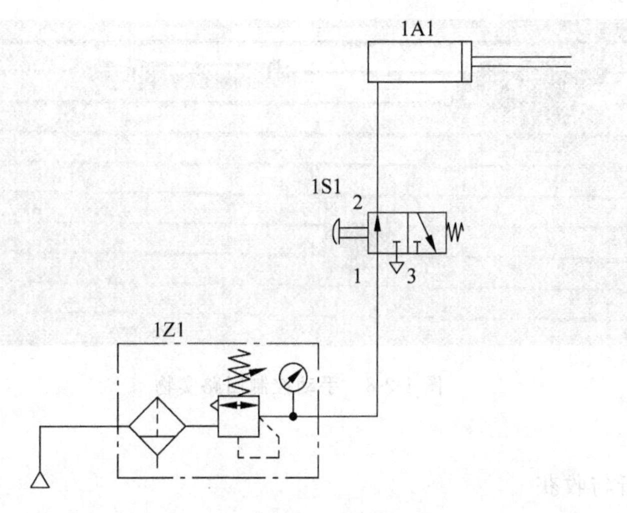

图 1-2-7 按下按钮动作图

向阀重新处于零位状态，单作用气缸(1A1)的进气口与大气相通，活塞失去推动力，同时活塞在复位弹簧的作用下缩回，为下一次送料做准备。

注意：在活塞杆伸出过程中按钮不能松开，直到活塞杆伸到位；否则，活塞杆不能伸到位，这与双作用气缸不同。

3. 回路搭建训练

1) 任务分析与元件选择

在此次送料装置中应考虑物料大小，以确定使用气缸的类型，对于行程较小的可采用单作用气缸；对于行程较大的，就应采用双作用气缸(此次任务选用单作用气缸)。

按钮的选用：气缸活塞在按钮松开时应自动返回，所以换向阀选用常开型手动按钮或者是带有弹簧自动复位式按钮。

气路搭建前还需要检查单作用气缸和手动换向阀活动是否灵活，气路是否畅通；检查管线有无破损、老化。

2) 任务实施

(1) 气动控制回路图如图 1-2-2 所示。

(2) 实物如图 1-2-8 所示。

(3) 任务调试：按图 1-2-2 接好管线，调试气压，调试单作用气缸到位情况等，分析和解决在实验中出现的不正常情况，根据后面要求记录实验结果。

(4) 注意事项：

① 熟悉实训设备(气源的开关、气压的调整、管线的连接等)的使用方法。

② 检查元件的安装与固定是否牢固。

③ 打开气源时，手握气源开关观察一段时间，防止因管路没接好被打出。

④ 打开气源观察、记录回路运行情况，对设备使用中出现的问题进行分析和解决。

⑤ 完成实验后关闭气源，拆下管线和元件并放回原位，对破损、老化管线应及时

图 1-2-8　手动控制回路实物

处理。

3）实验分析与收获

（1）手动送料装置的执行元件是________，它有________个气口，分别有________________作用；控制元件是________，它是________________实现控制。

（2）根据实验现象填写表 1-2-1 所列的进、排气和气缸活塞杆的动作情况。

表 1-2-1　进、排气和气缸活塞杆的动作情况

动　作	手控换向阀输入口	手控换向阀输出口	手控换向阀呼气口	气缸进、排气口	气缸呼气口	气缸活塞杆
按下按钮						
释放按钮						

（3）观察压缩空气的压力与单作用气缸的动作有什么关系。

4. 知识链接

1）单作用气缸

单作用气缸除了在实验中所见到的以外，还有图 1-2-9 所示的带磁环短行程型、扁平型以及双活塞杆等气缸。

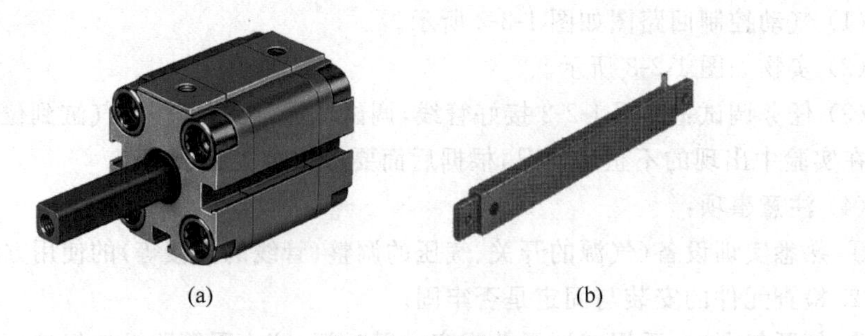

(a)　　　　(b)

图 1-2-9　单作用气缸实物图

(a) 带磁环短行程型气缸实物；(b) 扁平型气缸实物

2）手控换向阀

手控换向阀种类也很多，有手控的、脚控的，有带自锁的、不带自锁的，如图 1-2-10 和图 1-2-11 所示。

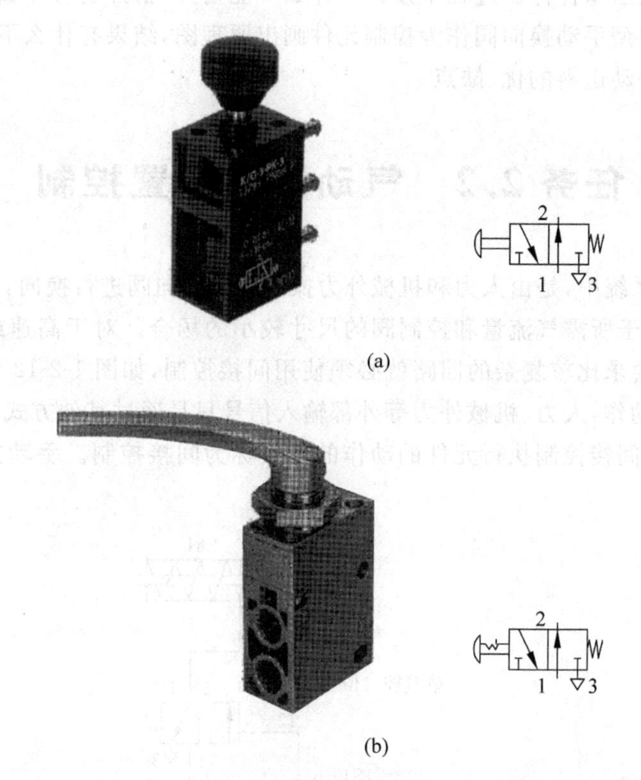

图 1-2-10 手控换向阀实物及图形符号

(a) 不带锁式(按钮)实物及图形符号；(b) 带锁式(手杆)实物及图形符号

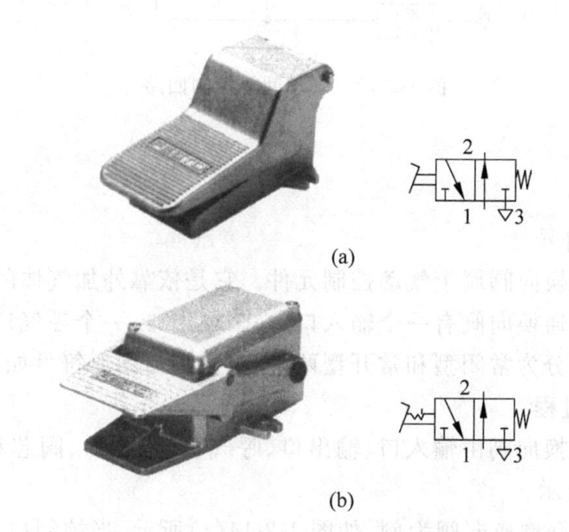

图 1-2-11 脚踏换向阀实物及图形符号

(a) 不带锁式实物及图形符号；(b) 带锁式实物及图形符号

5. 思考与练习

(1) 试分析在活塞杆伸出过程中按钮为什么不能松开,松开后有什么后果。

(2) 试用常闭型手动换向阀作为控制元件画出原理图,结果有什么不同?

(3) 试分析手动送料的优、缺点。

任务 2.2 气动送料装置控制

在手动控制系统中,是由人力和机械外力操控手动换向阀进行换向,这种直接控制操作力较小,只适用于所需气流量和控制阀的尺寸较小的场合。对于高速或大口径执行元件的控制和控制要求比较复杂的回路就必须使用间接控制,如图 1-2-12 所示。这种由气控换向阀来控制动作,人力、机械外力等外部输入信号只是通过其他方式直接控制气控换向阀的换向,从而间接控制执行元件的动作的方式称为间接控制。手动换向阀只做信号阀使用。

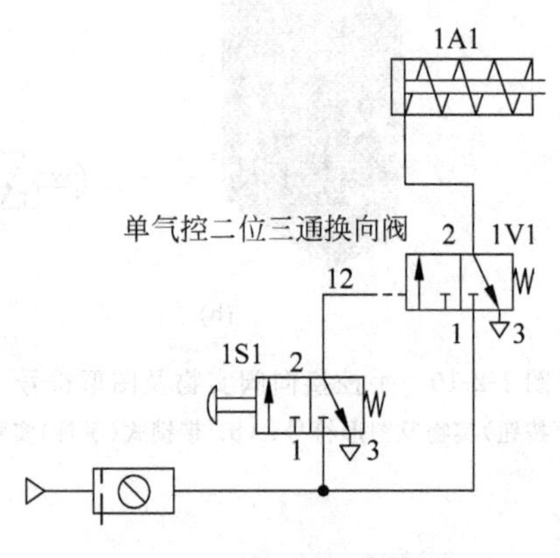

图 1-2-12 气动间接控制回路

1. 元件介绍

1) 实物及图形符号

单气控二位三通换向阀属于气动控制元件。它是依靠外加气体的压力和弹簧力实现换向。单气控二位三通换向阀有一个输入口、一个输出口、一个呼气口和一个控制口。单气控二位三通换向阀分为常闭型和常开型两种,其实物与图形符号如图 1-2-13 所示。

2) 结构及工作过程

单气控二位三通换向阀由输入口、输出口、呼气口、控制口、阀芯和阀体等组成,其结构示意如图 1-2-14 所示。

工作过程:以常开型换向阀为例,如图 1-2-14(a)所示,当控制口 12 无外加控制信号时,换向阀在零位(或静止位),此时输入口 1 关闭,输出口 2 与呼气口 3 相通,此时为低气压。当控制口 12 上有气信号时,如图 1-2-14(b)所示,单气控二位三通阀换向,输入口 1

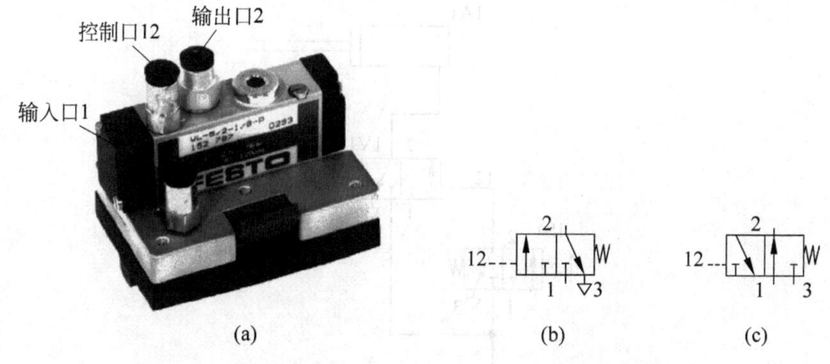

图 1-2-13 单气控二位三通换向阀实物及图形符号

(a) 实物；(b) 常开型图形符号；(c) 常闭型图形符号

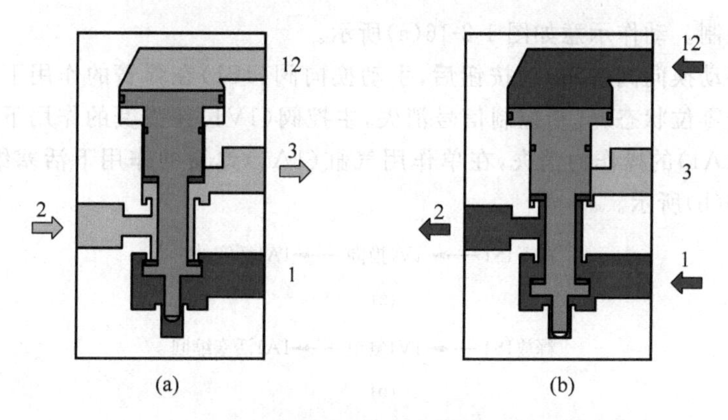

图 1-2-14 单气控二位三通换向阀结构及工作过程

(a) 结构；(b) 工作过程

与输出口 2 接通。当控制口 12 上的气信号消失时，换向阀在弹簧作用下复位，输入口 1 关闭，回到零位。

常闭型换向阀动作过程与此相反。

3) 换向阀的特点及适用场合

换向阀的控制是使用气控和弹簧复位相结合，所以使用在只需一个控制信号的场合；另外换向阀有两个位置，所以作为主控阀时，只能控制单作用气缸或作为信号控制的场合。

2. 气路控制原理

控制回路如图 1-2-15 所示，气源送到常开型手动换向阀输入口 1，此时输入口 1 关闭，输出口 2 与呼气口 3 接通(手动换向阀处于零位状态)，主控阀(单气控二位三通换向阀)不动作，单作用气缸的活塞杆在弹簧的作用下处于缩回状态。

当按下手动换向阀(1S1)的按钮时，如图 1-2-15 所示，手动换向阀(1S1)工作到左位，则输入口 1 与输出口 2 接通，压缩空气从输入口 1 进到输出口 2 输出气动控制信号给主控阀(1V1)，主控阀换向驱动单作用气缸(1A1)伸出，这种可以得到较大的操作力的方法

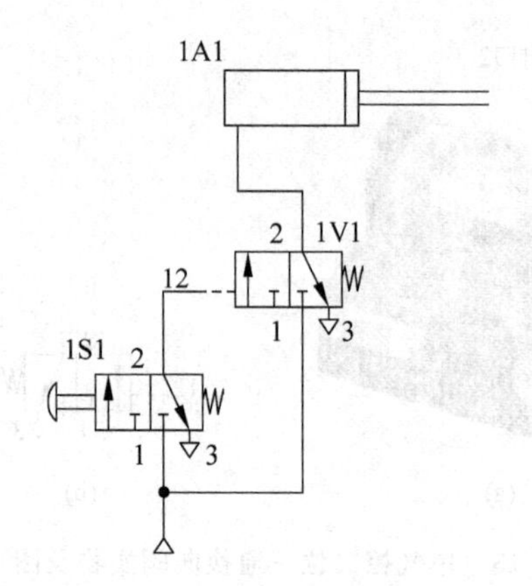

图 1-2-15 气动间接控制动作回路

就称为间接控制。动作示意如图 1-2-16(a)所示。

当释放手动换向阀(1S1)的按钮后,手动换向阀(1S1)在弹簧的作用下复位,手动换向阀重新处于零位状态,气动控制信号消失,主控阀(1V1)在弹簧的作用下也复位,驱动单作用气缸(1A1)的操作力消失,在单作用气缸(1A1)弹簧的作用下活塞缩回。动作示意如图 1-2-16(b)所示。

按下1S1 ⟶ 1V1换向 ⟶ 1A1活塞伸出

(a)

释放1S1 ⟶ 1V1复位 ⟶ 1A1活塞缩回

(b)

图 1-2-16 系统动作示意图

(a) 系统启动;(b) 系统停止

3. 回路搭建训练

1) 元件选择

根据任务要求选择元件,检查元件是否完好,并在表 1-2-2 中填写元件在回路中的作用。

表 1-2-2 元件在回路中的作用

序号	符号	元 件 名 称	作 用
1	1A1	单作用气缸	
2	1V1	单气控二位三通换向阀	
3	1S1	手动二位三通换向阀	
4	1Z1	二联件	
5	1P1	气源	

2）任务实施

(1) 气动控制回路如图 1-2-15 所示。

(2) 实物如图 1-2-17 所示。

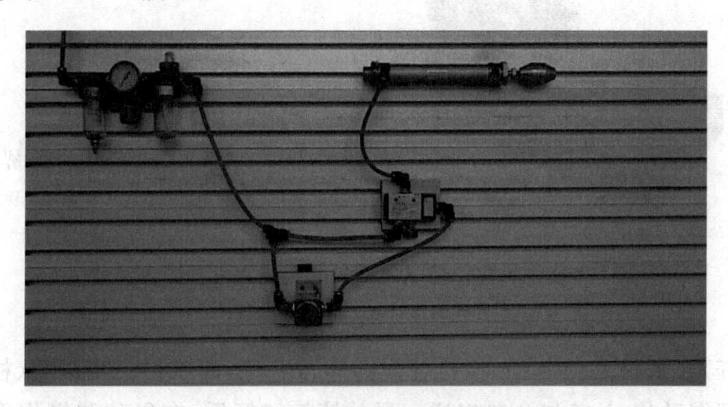

图 1-2-17 气动间接控制回路实物

(3) 任务调试。按图 1-2-17 所示接好管线，调试气压，调试单作用气缸到位情况等，分析和解决在实验中出现的不正常情况，根据后面要求记录实验结果。

(4) 注意事项：

① 熟悉实训设备(气源的开关、气压的调整、管线的连接等)的使用方法。

② 检查元件的安装与固定是否牢固。

③ 打开气源时，手握气源开关观察一段时间，防止因管路没接好被打出。

④ 打开气源观察、记录回路运行情况，对设备使用中出现的问题进行分析和解决。

⑤ 完成实验后，关闭气源，拆下管线和元件并放回原位，对破损、老化管线应及时处理。

3）实验分析与收获

(1) 气动送料的执行元件是________；控制元件是________，它有________个气口，分别是________，它的换向方式是________(电控、气控、机控、手控、弹簧)，复位方式是________(电控、气控、机控、手控、弹簧)；信号输入元件是________实现控制。

(2) 根据实验现象填写表 1-2-3 所列的进气、出气或停气以及气缸活塞杆的伸出或缩回动作情况。

表 1-2-3 进气、出气或停气以及气缸活塞杆的伸出或缩回动作情况

动作	1S1(1)	1S1(2)	1S1(3)	1V1(12)	1V1(1)	1V1(2)	1V1(3)	1A1
按下按钮								
释放按钮								

4. 知识链接

1）机械控制换向阀

机械控制换向阀是利用执行机构或其他机构的机械运动，借助凸轮、滚轮、杠杆或挡块等机构来操纵阀芯换位，达到换向的目的，简称机控换向阀，如图 1-2-18 所示。

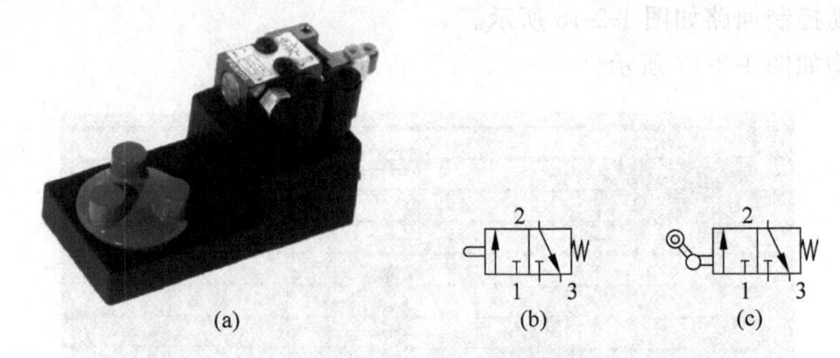

图 1-2-18　机控二位三通换向阀实物和常开图形符号

(a) 实物；(b) 顶杆式图形符号；(c) 单向滚轮杠杆式图形符号

滚轮(杠杆)在未被凸轮驱动时，机控换向阀在右位，即零位。当滚轮(杠杆)被凸轮驱动时，滚轮杠杆阀动作，1 口与 2 口接通。释放滚轮杠杆后，在复位弹簧作用下，滚轮杠杆阀复位，即 1 口与 2 口关闭。

2) 压力顺序阀

压力顺序阀是由顺序阀和一个单气控二位三通换向阀组成，其实物和图形符号如图 1-2-19 所示。当控制口 12 上的压力信号达到设定值时，压力顺序阀动作，进气口 1 与工作口 2 接通。如果撤销控制口 12 上的压力信号，则压力顺序阀在弹簧作用下复位，进气口 1 被关闭。通过压力设定螺钉可无级调节控制信号压力大小。

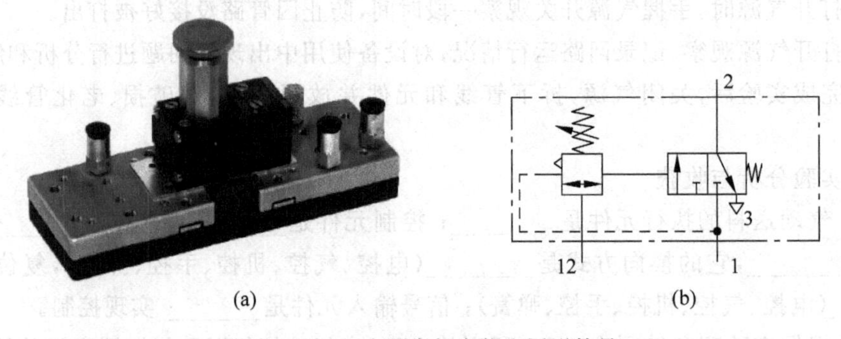

图 1-2-19　压力顺序阀实物和图形符号

(a) 实物；(b) 图形符号

5. 思考与练习

(1) 试分析手动送料与气动送料的不同点。

(2) 试问气动送料能克服手动送料一定要将物料送到位才能松手的缺点吗？

(3) 改用常闭型单气控二位三通换向阀设计气动送料气控回路。

任务 2.3 两地气控送料装置控制

在实际应用中，经常会遇到需要有两处或多处地方控制同一个执行元件，简称两地控制。这种控制方式在逻辑关系中称为逻辑“或”。在气路中，可以通过图 1-2-20 所示的控制回路来实现。

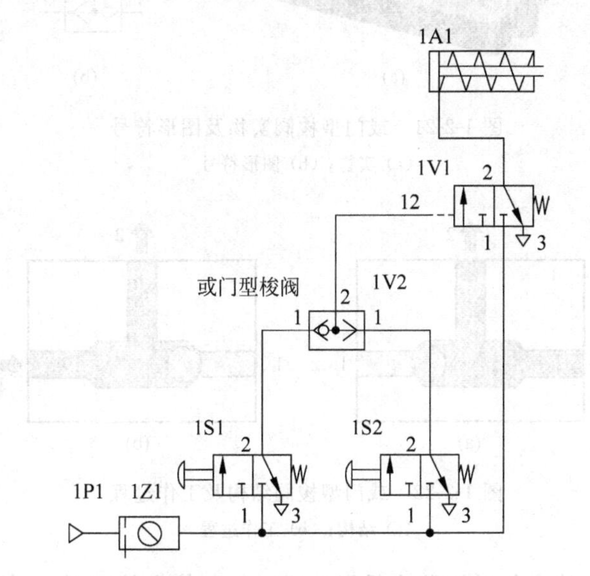

图 1-2-20 两地气控送料控制回路

1. 元件介绍

1）或门型梭阀

（1）实物及图形符号

或门型梭阀属于气动逻辑元件。当两个输入信号有一个满足时就能产生输出，此为逻辑“或”的关系。或门型梭阀有两个输入口和一个输出口，其实物与图形符号如图 1-2-21 所示。

（2）结构及工作过程

或门型梭阀由阀体、输入口、输出口和阀芯组成，其结构示意如图 1-2-22 所示。

工作过程：梭阀由两个输入口 1 和一个输出口 2 组成。若在梭阀的任一个输入口 1 上输入信号，则与该输入口相对的阀口就被关闭，在输出口 2 上就有信号输出，如图 1-2-22 所示。这种阀具有“或”逻辑功能，即只要在任一输入口 1 上输入信号，在输出口 2 上就会有信号输出。

2）“或”逻辑控制

当输入两个或多个控制信号中只要有一个满足时就能产生输出，这就是逻辑“或”的关系，真值表如表 1-2-4 所列。逻辑“或”经常被用于电、气路控制回路中进行两地或多地

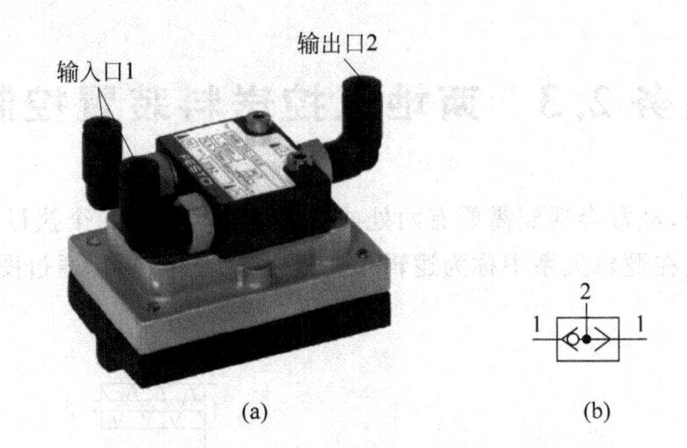

图 1-2-21　或门型梭阀实物及图形符号

(a) 实物；(b) 图形符号

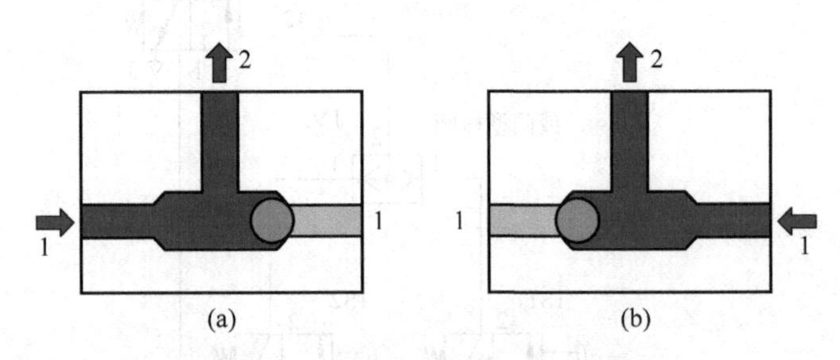

图 1-2-22　或门型梭阀结构及工作过程

(a) 结构；(b) 工作过程

控制。逻辑"或"的功能在气动回路中是可以通过控制信号的串联、或门型梭阀来实现的，如图 1-2-23 所示。

表 1-2-4　真值表

S1	S2	A
0	0	0
1	0	1
0	1	1
1	1	1

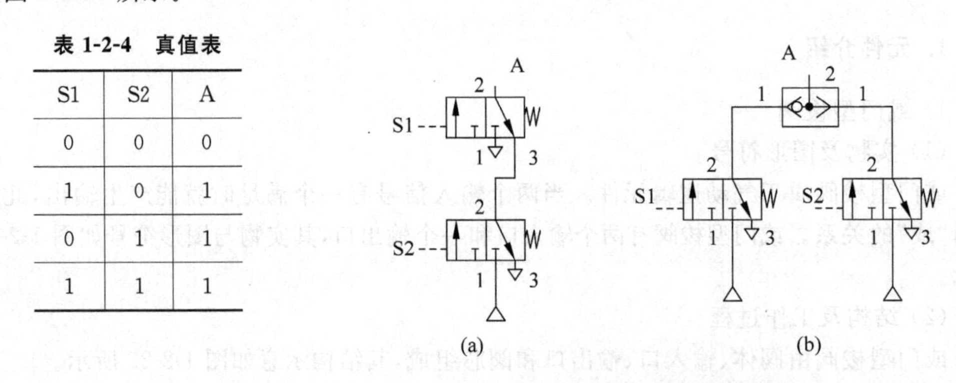

图 1-2-23　逻辑"或"回路

(a) 串联控制；(b) 或门型梭阀控制

应当注意逻辑"或"并不能像电气线路中那样简单地将两个或多个输入信号(控制元件)并联来实现。若控制信号如图 1-2-24 所示，将无法控制有输出信号。例如，S1 由控制信号换向阀换向，气源从 S1 的 1 口进 2 口出，但由于 S2 无动作，压缩空气又从 S2 的 2 口进 3 口出，而无法得到有效的输出信号从 A 处输出(在电路中类似于信号短路)。同样，

S2 有控制信号时也一样无信号输出。

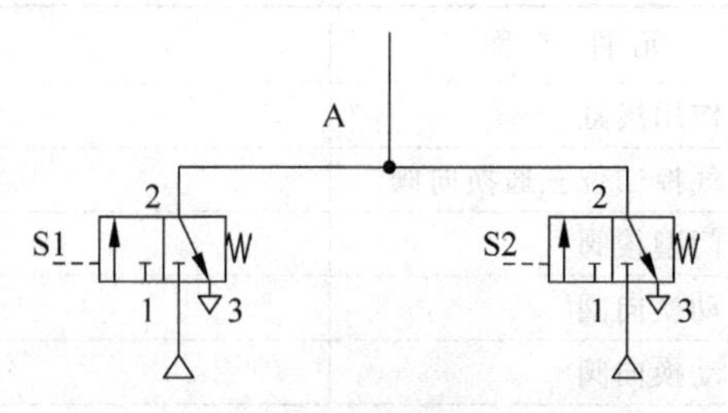

图 1-2-24 错误的逻辑“或”回路

2. 气路控制原理

两地送料控制回路如图 1-2-20 所示，气源送到两个手控换向阀(1S1、1S2)和单气控换向阀(1V1)输入口 1 而被关闭，单作用气缸(1A1)的活塞杆在弹簧的作用下处于缩回状态。

当按下手控换向阀(1S1 或 1S2)按钮时，气源从 1S1 的 1 口进 2 口出，推动或门型梭阀(1V2)阀芯向左(或向右)移动，输出控制信号给单气控换向阀(1V1)换向，驱动单作用(1A1)气缸活塞伸出，如图 1-2-25 所示。

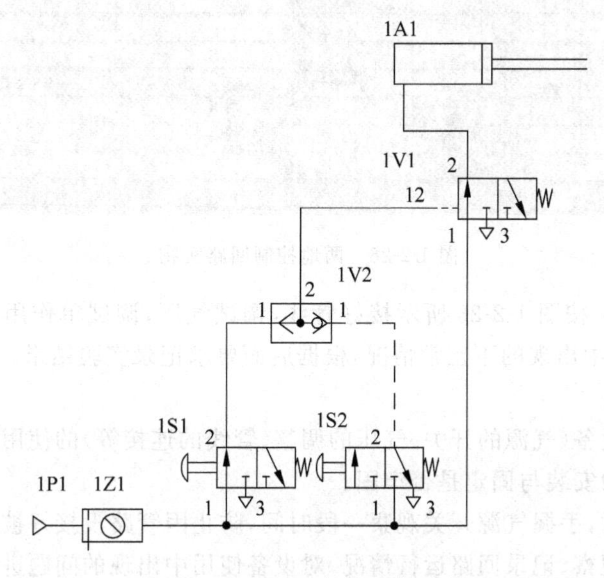

图 1-2-25 两地气控动作回路

当释放手动换向阀(1S1)的按钮后，气路断开，1V1 复位，1A1 活塞缩回。

3. 回路搭建训练

1) 元件选择

根据任务要求选择元件，检查元件是否完好，并在表 1-2-5 中填写元件在回路中的作用。

表 1-2-5 元件在回路中的作用

序号	符号	元 件 名 称	作 用
1	1A1	单作用气缸	
2	1V1	单气控二位三通换向阀	
3	1V2	或门型梭阀	
4	1S1	手动换向阀	
5	1S2	手动换向阀	
6	1Z1	二联件	
7	1P1	气源	

2）任务实施

（1）气动控制回路如图 1-2-20 所示。

（2）实物如图 1-2-26 所示。

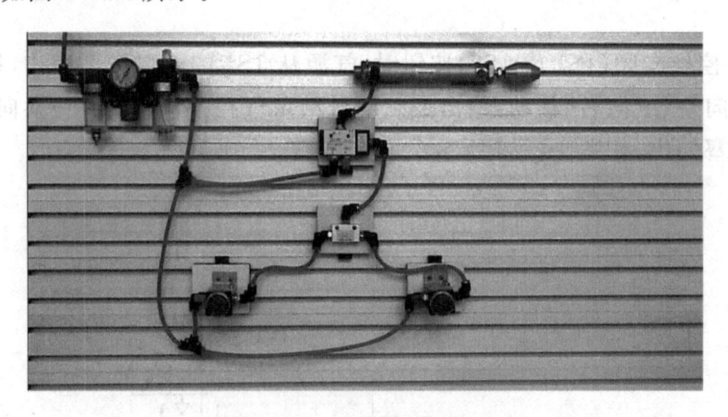

图 1-2-26 两地控制回路实物

（3）任务调试：按图 1-2-26 所示接好管线，调试气压，调试单作用气缸到位情况等，分析和解决在实验中出现的不正常情况，根据后面要求记录实验结果。

（4）注意事项：

① 熟悉实训设备(气源的开关、气压的调整、管线的连接等)的使用方法。

② 检查元件的安装与固定是否牢固。

③ 打开气源时，手握气源开关观察一段时间，防止因管路没接好被打出。

④ 打开气源观察、记录回路运行情况，对设备使用中出现的问题进行分析和解决。

⑤ 完成实验后关闭气源，拆下管线和元件并放回原位，对破损、老化管线应及时处理。

3）实验分析与收获

（1）气动送料的执行元件是________；主控元件是________；或门型梭阀有________个气口，分别是________。

（2）根据实验现象填写表 1-2-6 所列的进气、出气或停气以及气缸活塞杆的伸出或缩回动作情况。

表 1-2-6　进气、出气或停气以及气缸活塞杆的伸出或缩回动作情况

动　作	1V2 阀芯(左移、右移)	1V2(2)	1V1(2)	1A1
按下 1S1 按钮				
按下 1S2 按钮				

4. 知识链接

1）单向阀

单向阀实物及图形符号如图 1-2-27 所示。

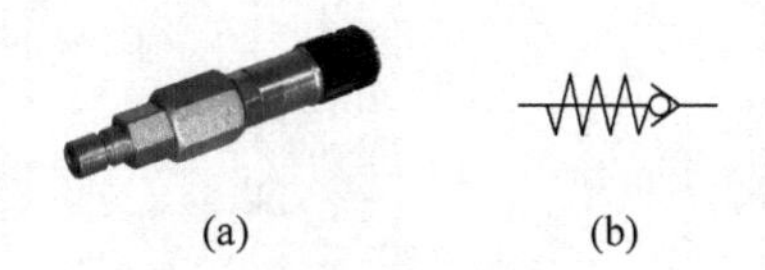

图 1-2-27　单向阀实物及图形符号
(a) 实物；(b) 图形符号

单向阀结构如图 1-2-28 所示，由压力弹簧将阀芯顶住气口，在一定的气压下两边互不通气。即使气压超过一定值，只要气压的方向与压力弹簧力的方向一致，阀门还是不能打开，如图 1-2-28(a)所示。只有超过一定值的气压且方向与压力弹簧力的方向相反，阀门才能打开，如图 1-2-28(b)所示。所以，单向阀仅允许压缩空气在一个方向流动，且压降较小。这种单向阻流作用可由锥密封、球密封、圆盘密封或膜片来实现。

2）气控单向阀

如图 1-2-29 所示，如果 1 口进气压力比 2 口的工作压力高，则 1 口与 2 口接通；否则，1 口与 2 口关闭。此外，通过控制口 12 也可以将气控单向阀打开，即 1 口与 2 口接通，这时允许压缩空气双向自由流动。

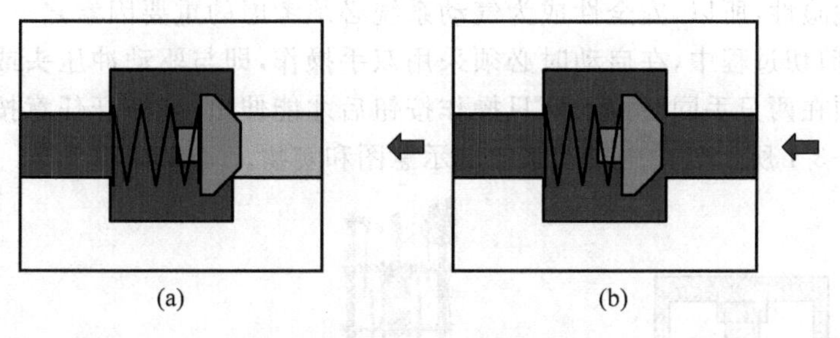

图 1-2-28　单向阀结构和动作
(a) 结构；(b) 动作

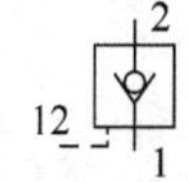

图 1-2-29　气控单向阀图形符号

5. 思考与练习

(1) 简述如图 1-2-23(a)所示串联换向阀组成的逻辑“或”的动作过程。

(2) 试用如图 1-2-23(a)所示逻辑“或”设计两地控制回路图。

课题 3

冲压装置

学习目标

(1) 了解单电控二位三通换向阀及双压阀的结构和原理。

(2) 掌握单电控二位三通换向阀及双压阀的图形符号和应用场合。

(3) 会识读控制单作用气缸的回路图。

技能目标

(1) 会正确使用气动的相关设备。

(2) 会正确使用电控二位三通换向阀及双压阀。

(3) 根据控制系统回路图会正确安装气、电路。

(4) 会分析控制系统回路图动作过程。

(5) 完成设备的调试,并能进行相关的故障排除。

人们经常使用利用气动控制系统作为冲压、剪切装置的动力机构,但由于冲压和剪切在实际应用中存在一定的危险性,所以,安全性成为气动系统必须考虑的重要因素之一。为了保证安全,要求冲压或剪切过程中,在启动时必须采用双手操作,即与驱动冲压头或剪切刀头的气缸活塞杆必须在两只手同时按下两只操作按钮后才能伸出,当松开任意按钮时气缸活塞杆回缩。图 1-3-1 所示为冲压气动系统的示意图和实物。

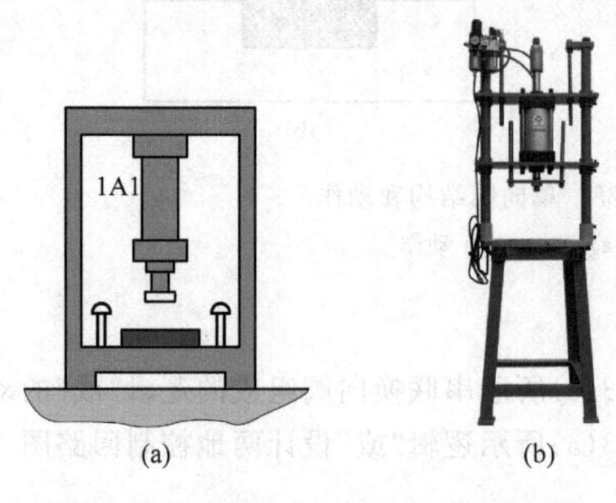

图 1-3-1　冲压气动系统的示意图和实物

(a) 示意图;(b) 实物

任务 3.1 气动安全保护冲压装置控制

在气动系统中，要实现双手的安全保护功能，只有在双手同时操作按钮时才动作。换言之，双手输入的信号为“与”的关系。所以在设计回路时采用间接控制，两个由按钮产生的输入信号通过逻辑“与”回路进行处理后，送到气控换向阀的控制信号输入端来控制气缸伸出。气缸在控制伸出的信号消失后缩回，如图 1-3-2 所示。

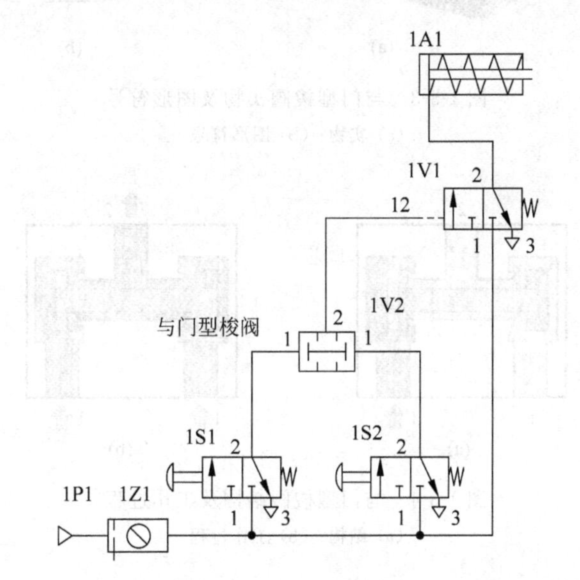

图 1-3-2 冲压装置控制回路

1. 元件介绍

1）与门型梭阀（双压阀）

（1）实物及图形符号

与门型梭阀属于气动逻辑元件。当两个输入信号都满足时才能产生输出，此为逻辑“与”的关系，又称为双压阀。与门型梭阀有两个输入口和一个输出口，其实物与图形符号如图 1-3-3 所示。

（2）结构及工作过程

与门型梭阀由阀体、输入口、输出口和阀芯组成，其结构示意如图 1-3-4 所示。

工作过程：双压阀由两个输入口 1、一个输出口 2 和一个阀芯组成。若在双压阀的任意一个输入口 1 上有输入信号，由于阀芯的移动，此口会被堵关闭，输出口 2 上无信号输出，如图 1-3-4(a)所示。若双压阀的两个输入口均有气信号，阀芯只能堵住一个输入口，输出口 2 上就会有信号输出，如图 1-3-4(b)所示。这种阀具有“与”逻辑功能，即只有两个输入口 1 均有输入信号时，输出口 2 上才会有信号输出。

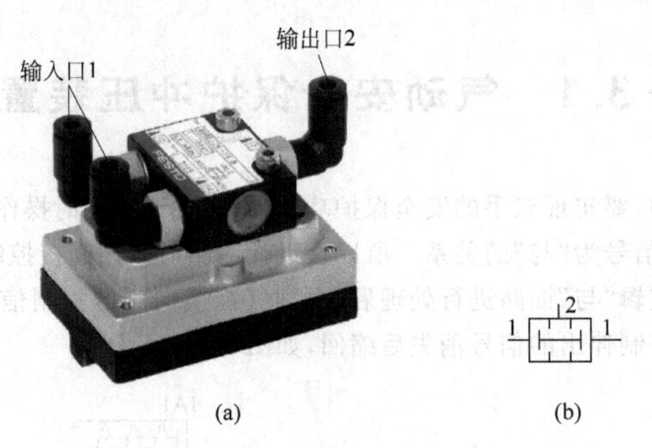

图 1-3-3 与门型梭阀实物及图形符号

(a) 实物；(b) 图形符号

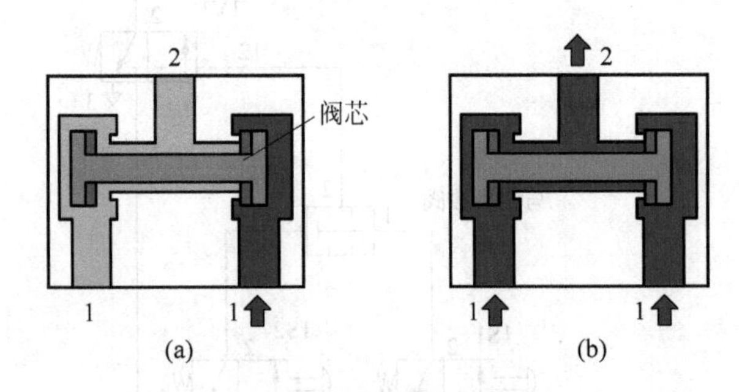

图 1-3-4 与门型梭阀结构及工作过程

(a) 结构；(b) 工作过程

2）“与”逻辑控制

当输入两个或多个控制信号时，只有都满足条件时才能产生输出，这就是逻辑“与”的关系，真值表如表 1-3-1 所示。逻辑“与”的功能在气动回路中是可以通过控制信号的串联或用与门型梭阀来实现，如图 1-3-5 所示。

表 1-3-1 真值表

S1	S2	A
0	0	0
1	0	0
0	1	0
1	1	1

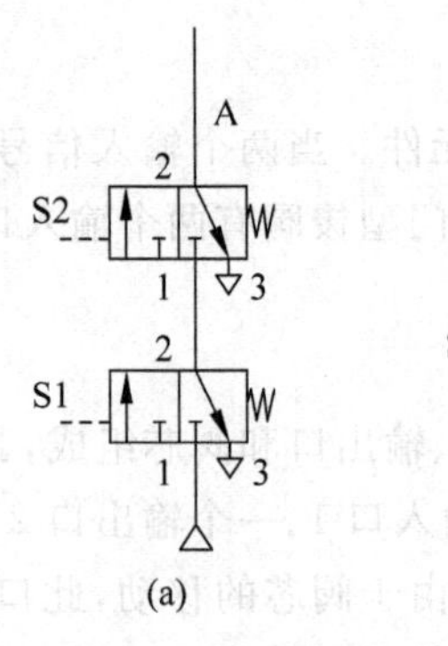

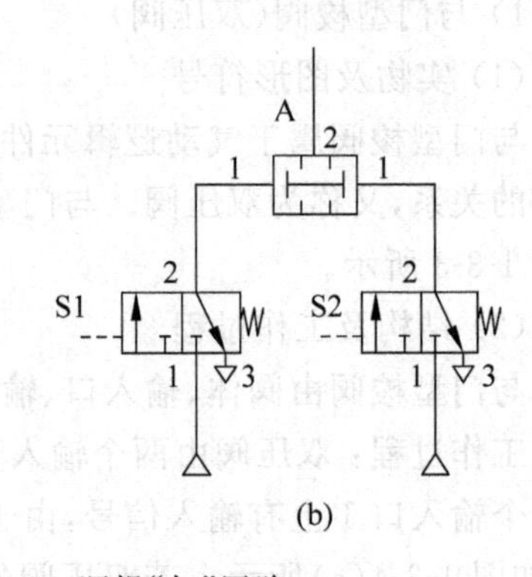

图 1-3-5 逻辑“与”回路

(a) 串联控制；(b) 与门型梭阀控制

2. 气路控制原理

控制回路图如图 1-3-2 所示，气源通过气动二联件的过滤和减压送到手动换向阀(1S1、1S2)输入口 1 和单气控换向阀(1V1)输入口 1 而被关闭。单作用气缸的活塞杆在弹簧的作用下处于缩回状态。

当同时按下 1S1 和 1S2 按钮时，压缩空气通过 1S1 或 1S2 从 1V2 的 2 口输出，送到换向阀 1V1 的控制口 12，换向阀换向，压缩空气从 1V1 输出口输出驱动单作用气缸(1A1)的进气口推动活塞动作，活塞杆伸出，实行冲压，如图 1-3-6 所示。

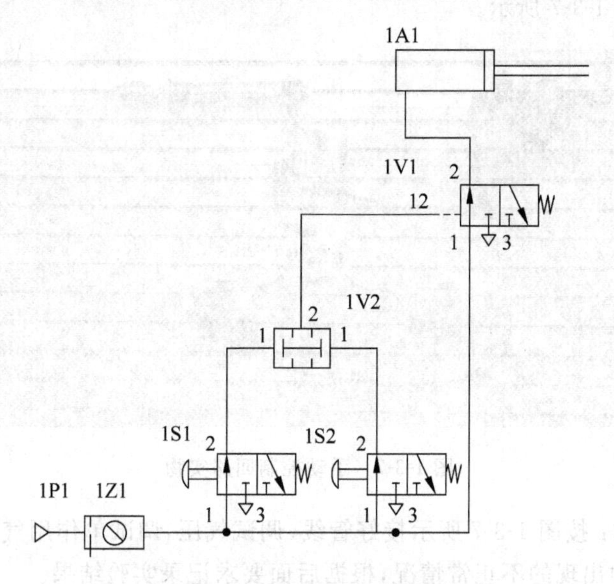

图 1-3-6 冲压装置动作回路

当任意释放 1S1 或 1S2 的按钮后，手动换向阀在弹簧的作用下复位，1V2 将会被关闭，无输出信号。1V1 在弹簧的作用下复位，1V1 气路关闭。单作用气缸(1A1)的进气口与大气相通，活塞失去推动力，同时活塞在复位弹簧的作用下缩回，冲压结束。

3. 回路搭建训练

1) 元件选择

根据任务要求选择元件，检查元件是否完好，并在表 1-3-2 中填写元件在回路中的作用。

表 1-3-2 元件在回路中的作用

序号	符号	元 件 名 称	作 用
1	1A1	单作用气缸	
2	1V1	单气控二位三通换向阀	
3	1V2	与门型梭阀	
4	1S1	手动换向阀	

续表

序号	符号	元件名称	作　用
5	1S2	手动换向阀	
6	1Z1	二联件	
7	1P1	气源	

2）任务实施

（1）气动控制回路如图 1-3-2 所示。

（2）实物如图 1-3-7 所示。

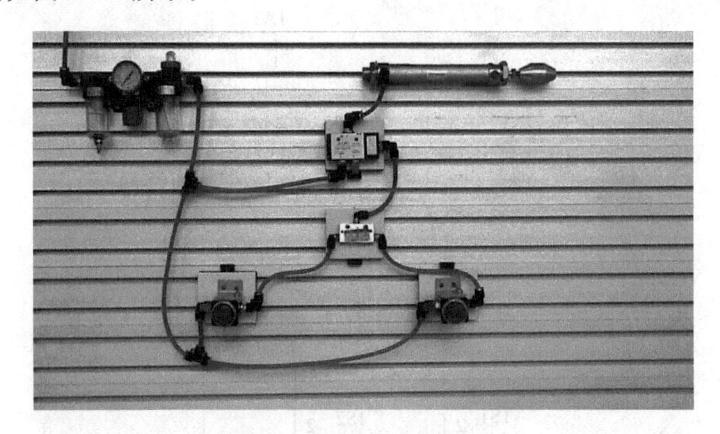

图 1-3-7　手动控制回路实物

（3）任务调试：按图 1-3-7 所示接好管线，调试气压，调试单作用气缸到位情况等，分析和解决在实验中出现的不正常情况，根据后面要求记录实验结果。

（4）注意事项：

① 熟悉实训设备（气源的开关、气压的调整、管线的连接等）的使用方法。

② 元件的安装与固定是否牢固。

③ 打开气源时，手握气源开关观察一段时间，防止因管路没接好被打出。

④ 打开气源观察、记录回路运行情况，对设备使用中出现的问题进行分析和解决。

⑤ 完成实验后，关闭气源，拆下管线和元件并放回原位，对破损、老化管线应及时处理。

3）实验分析与收获

（1）气动冲压的执行元件是________；主控元件是________；与门型梭阀有________个气口，分别是________。

（2）根据实验现象填写系统动作情况（图 1-3-8）。

按下 1S1 / 1S2 → ________ → ________ → 1A1活塞伸出

释放 → ________ → ________ → 1A1活塞缩回

图 1-3-8　系统动作示意图

4. 知识链接

1) “非”逻辑控制

如图 1-3-9 所示，当 S1 无信号输入时，压缩空气经二位三通换向阀 1 口进 2 口出，A 有输出；当 S1 有信号输入时，二位三通换向阀换向 1 口关闭，A 无输出。真值表如表 1-3-3 所示。

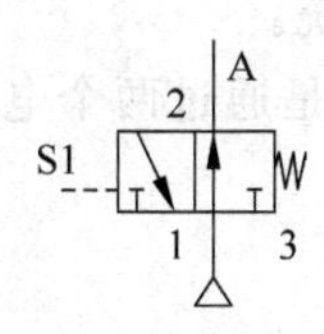

图 1-3-9 逻辑“非”回路

表 1-3-3 真值表

S1	A
0	1
1	0

2) “是”逻辑控制

如图 1-3-10 所示，当 S1 无信号输入时，二位三通换向阀 1 口关闭，A 无输出；当 S1 有信号输入时，二位三通换向阀换向压缩空气经 1 口进 2 口出，A 有输出。真值表如表 1-3-4 所示。

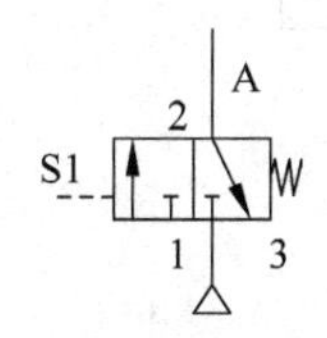

图 1-3-10 逻辑“是”回路

表 1-3-4 真值表

S1	A
1	1
0	0

3) “或非”逻辑控制

如图 1-3-11 所示，当 S1、S2 均无信号输入时，压缩空气经二位三通换向阀 1 口进 2 口出，A 有输出；但是当 S1 或 S2 两个输入口只一个口有信号时，梭阀有输出，二位三通换向阀换向 1 口关闭，A 无输出。真值表如表 1-3-5 所示。

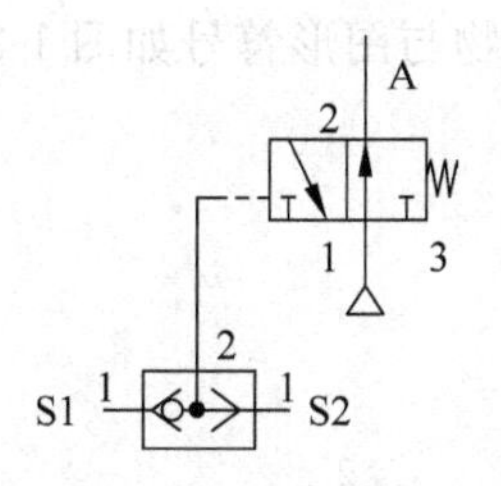

图 1-3-11 逻辑“或非”回路

表 1-3-5 真值表

S1	S2	A
0	0	1
1	0	0
1	1	0
1	1	0

5. 思考与练习

(1) 试用图 1-3-5(a)所示的“与”逻辑设计气动安全保护冲压装置控制回路图。

(2) 试分析图 1-3-2 中只按下 1S1 或 1S2 手动换向阀时，气缸活塞杆不动作的原因。

任务 3.2 电控安全保护冲压装置控制

在气动控制系统中，为了使回路控制响应速度更快、动作更准确、自动化程度更高，一般要加入电信号、电控元件和气控元件一起组成电气控制系统。

图 1-3-12 所示为电控安全保护冲压装置控制回路系统，是通过两个电气开关的“与”来实现安全控制的。这也是最简单的电气控制系统。

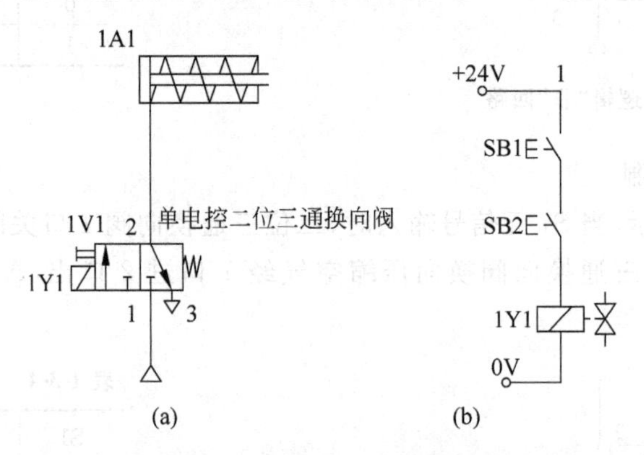

图 1-3-12 电控冲压装置控制回路
(a) 气动回路；(b) 电控回路

1. 元件介绍

1）单电控二位三通换向阀

(1) 实物及图形符号

单电控二位三通换向阀属于气动控制元件，它依靠电磁力和弹簧力实现换向。单电控二位三通换向阀有一个输入口、一个输出口、一个呼气口和一个电磁阀线圈，其图形符号分为常闭型和常开型两种。单电控二位三通换向阀实物与图形符号如图 1-3-13 所示。

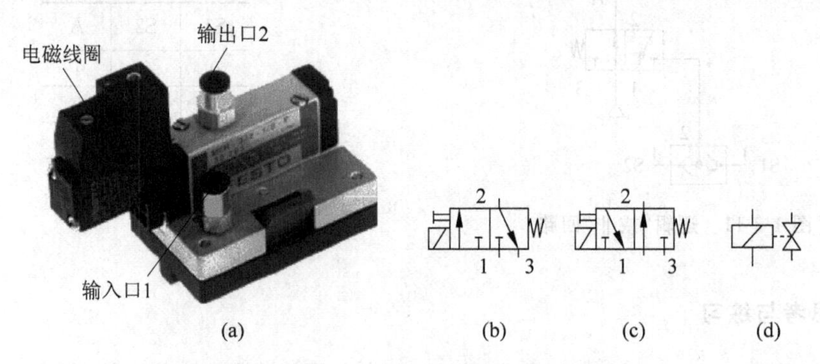

图 1-3-13 单电控二位三通换向阀实物及图形符号
(a) 实物；(b) 常开型图形符号；(c) 常闭型图形符号；(d) 电磁阀线圈图形符号

(2) 工作过程

对于常开型单电控二位三通换向阀来说，如图 1-3-13(a)所示。在电磁线圈没加电压作用时，1 口关闭，2 口和 3 口相接；电磁线圈得电，1 口与 2 口接通。电磁线圈失电，单电控二位三通阀在弹簧作用下复位，则 1 口关闭。

如果没有电压作用在电磁线圈上，则单电控二位三通阀可以手动驱动。

常闭型单电控二位三通换向阀动作过程与此相反。

(3) 特点及适用场合

电磁阀具有换向频率高、响应速度快和动作准确的特点，但由于受电磁吸力的影响只用于小型阀。适用于小型自动化电气控制系统；也可作为大型电气控制系统的信号控制使用。

2) 相关电气常识介绍

(1) 电源

电源符号及功能见表 1-3-6。

表 1-3-6 电源符号及功能

序号	元件名称	图形符号	元件功能
1	电源正极	+24V	电源正极 24V 接线端
2	电源负极	0V	电源负极 0V 接线端
3	接线端	○	连接导线的位置
4	导线	——	用于连接两个接线端
5	T 形接线端		导线的连接点

(2) 手动开关

手动开关符号及功能见表 1-3-7。

表 1-3-7 手动开关符号及功能

序号	元件名称	图形符号	元件功能
1	按钮开关(常开)		按下该按钮开关时，触点闭合；释放该按钮开关时，触点立即断开
2	按钮开关(常闭)		按下该按钮开关时，触点断开；释放该按钮开关时，触点立即闭合
3	按键开关(常开)		按下该按键开关时，触点闭合，并锁定闭合状态；再按下该按键开关时，触点断开
4	按键开关(常闭)		按下该按键开关时，触点断开，并锁定断开状态；再按下该按键开关时，触点闭合

(3) 行程开关

行程开关符号及功能见表 1-3-8。

表 1-3-8 行程开关符号及功能

序号	元件名称	图形符号	元 件 功 能
1	行程开关(常开)		执行机构驱动该行程开关时,触点闭合;执行机构释放该行程开关时,触点立即断开
2	行程开关(常闭)		执行机构驱动该行程开关时,触点断开;执行机构释放该行程开关时,触点立即闭合

(4) 接近开关

接近开关符号及功能见表 1-3-9。

表 1-3-9 接近开关符号及功能

序号	元件名称	图形符号	元 件 功 能
1	磁感应式接近开关		当该开关接近磁场时,开关触点闭合(只能检测磁性介质,检测的范围与磁场强度有关,磁场越强范围越广)
2	电感式接近开关		当该开关感应电磁场发生变化时,开关触点闭合(只能检测金属介质,传感器直径越大检测距离越大)
3	电容式接近开关		当该开关静电场发生变化时,开关触点闭合(能检测任何介质)
4	光电式接近开关		当该开关光路被阻碍时,开关触点闭合(能检测大部分介质)

(5) 继电器和触点

继电器和触点符号及功能见表 1-3-10。

表 1-3-10 继电器和触点符号及功能

序号	元件名称	图形符号	元 件 功 能
1	继电器线圈		当继电器线圈流过电流时,继电器触点闭合;当继电器线圈无电流流过时,继电器触点立即断开
2	继电器常开触点		线圈得电时,该触点闭合;线圈失电时,该触点断开
3	继电器常闭触点		线圈得电时,该触点断开;线圈失电时,该触点闭合

续表

序号	元件名称	图形符号	元件功能
4	通电延时继电器线圈		当继电器线圈流过电流时，经过预置时间延时，继电器触点闭合；当继电器线圈无电流流过时，继电器触点断开
5	延时闭合触点		线圈得电时，该触点经过一段延时闭合；线圈失电时，该触点立即断开
6	延时断开触点		线圈得电时，该触点经过一段延时断开；线圈失电时，该触点立即闭合
7	断电延时继电器线圈		当继电器线圈流过电流时，继电器触点立即闭合；当继电器线圈无电流流过时，经过预置时间延时，继电器触点断开
8	延时断开触点		线圈得电时，该触点立即闭合；线圈失电时，该触点经过一段延时断开
9	延时闭合触点		线圈得电时，该触点立即断开；线圈失电时，该触点经过一段延时闭合

(6) 电磁线圈

电磁线圈符号及功能见表 1-3-11。

表 1-3-11 电磁线圈符号及功能

元件名称	图形符号	元件功能
电磁线圈		电磁线圈可用于驱动电控阀动作

2. 电气路控制原理

电控冲压装置控制回路如图 1-3-12 所示，气源送到单电控换向阀(1V1)输入口 1，常开型单电控换向阀，此时输入口 1 关闭，输出口 2 与呼气口 3 接通(换向阀处于零位状态)，主控阀(1V1)不动作，单作用气缸(1A1)的活塞杆在弹簧的作用下处于缩回状态。

当同时按下 SB1 和 SB2 按钮时，电磁线圈(1Y1)得电，在主控阀 1V1 上的电磁铁动作，主控阀换向，则 1V1 的输入口 1 与输出口 2 接通，压缩空气从 1 口进，到 2 口出，驱动单作用气缸(1A1)活塞伸出，实行冲压，如图 1-3-14 所示。

当释放 SB1 或 SB2 任意一个时，1Y1 线圈失电，主控阀(1V1)在弹簧的作用下复位，驱动单作用气缸(1A1)的操作力消失，1A1 的活塞在弹簧的作用下缩回，冲压结束。

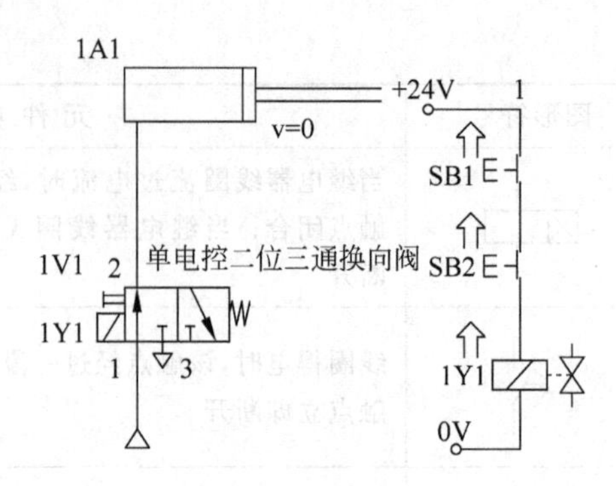

图 1-3-14 电控冲压装置控制回路

3. 回路搭建训练

1）元件选择

根据任务要求选择元件，检查元件是否完好，并在表 1-3-12 中填写元件在回路中的作用。

表 1-3-12 元件在回路中的作用

序号	符号	元 件 名 称	作 用
1	1A1	单作用气缸	
2	1V1	单电控二位三通换向阀	
3	SB1	电气按钮	
4	SB2	电气按钮	
5	1Y1	电磁线圈	
6	1Z1	二联件	
7	1P1	气源	

2）任务实施

（1）气动控制回路如图 1-3-12 所示。

（2）实物如图 1-3-15 所示。

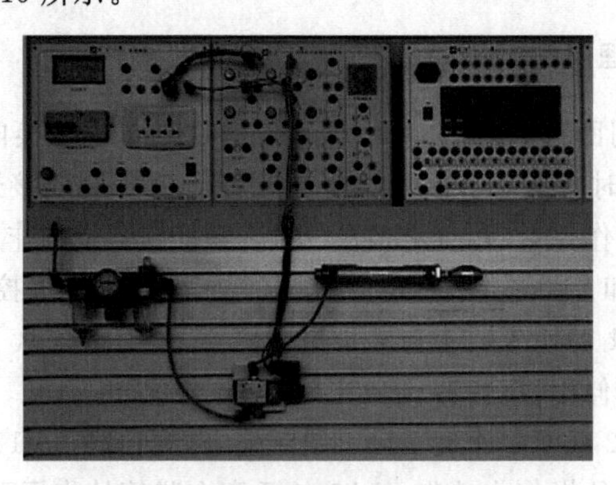

图 1-3-15 电控冲压装置控制回路实物

(3) 任务调试:按图 1-3-15 所示接好管线和控制电路,调试气压,调试单作用气缸到位情况等,分析和解决在实验中出现的不正常情况,根据后面要求记录实验结果。

(4) 注意事项:

① 熟悉实训设备(气源的开关、气压的调整、管线的连接、电源正负极等)的使用方法。

② 元件的安装与固定是否牢固。

③ 打开气源时,手握气源开关观察一段时间,防止因管路没接好被打出。

④ 打开气源、电源运行系统观察和记录运行情况,对设备使用中出现的问题进行分析和解决。

⑤ 完成实验后,关闭气源和电源,拆下导线、管线和元件并放回原位,对破损、老化管线应及时处理。

3) 实验分析与收获

(1) 气动冲压的执行元件是________,主控元件是________,它有________个气口,分别是________,它的换向方式是________(电控、气控、机控、手控、弹簧),复位方式是________(电控、气控、机控、手控、弹簧);SB1 是________(常开、常闭)按钮,SB2 是________(常开、常闭)按钮。

(2) 根据实验现象填写各元件动作情况并记录在表 1-3-13 中。

表 1-3-13 各元件动作情况

动　　作	电磁线圈 1Y1	主控阀 1V1	单作用气缸 1A1
按下按钮 SB1 和 SB2			
释放按钮 SB1 或 SB2			

4. 知识链接

1) 先导式机械控制换向阀

先导式二位三通换向阀如图 1-3-16 所示,其适用于为避免换向阀开启时驱动力过大,可将机控式阀与气控阀组合,以构成先导式换向阀,这里机控阀为导阀,气控阀为主阀,控制气信号取自进气口。若驱动滚轮动作,导阀就打开,压缩空气就进入主阀中,使主阀口打开。图形符号如图 1-3-16(b)所示。

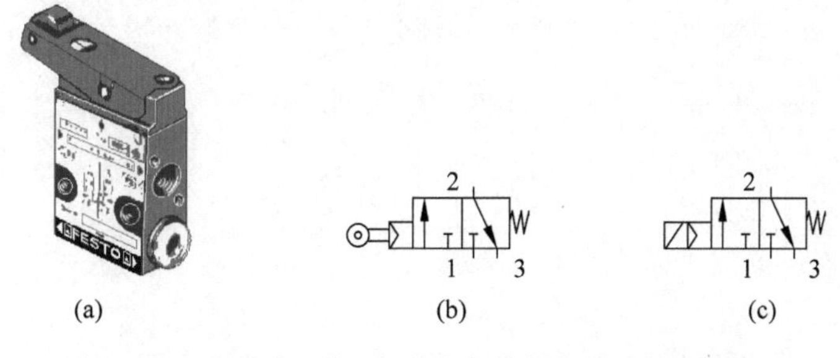

图 1-3-16 先导式二位三通换向阀实物和常开型图形符号

(a) 实物;(b) 先导式机控换向阀图形符号;(c) 先导式电磁换向阀图形符号

图形符号中含有滚轮，以表示驱动滚轮可产生控制气信号。

2）先导式电控换向阀

先导式电控换向阀是由小型直动式电磁阀和大型气控换向阀构成的。它是利用直动式电控阀输出的先导气压来操纵大型气控换向阀（主控阀）换向的，控制信号取自电信号。图形符号如图 1-3-16(c)所示。

图形符号中含有电磁线圈，以表示电磁阀产生控制气信号。

5. 思考与练习

(1) 试分析单电控和单气控二位三通换向阀的特点。

(2) 试分析单电控和单气控安全保护装置控制回路的特点。

(3) 试设计利用单电控二位三通换向阀控制单作用气缸连续动作控制回路图。

课题 4

夹紧装置

学习目标

(1) 了解双作用气缸和单气控、双电控二位五通换向阀的结构和原理。

(2) 掌握双作用气缸和单气控、双电控二位五通换向阀图形符号和应用场合。

(3) 会识读双作用气缸控制的回路图。

技能目标

(1) 会正确使用双作用气缸和单气控、双电控二位五通换向阀。

(2) 根据控制系统回路图会正确安装气路。

(3) 会分析控制系统回路动作过程。

(4) 完成设备的调试,并能进行相关的故障排除。

夹紧装置在工业自动化生产中使用较为广泛,它可以将物料定位、夹紧以确保加工时物料的准确性,并且要求在加工期间,夹紧装置应保持足够的夹紧力,如图 1-4-1 所示。完成这一动作的执行元件可以是单作用气缸或双作用气缸。本课题使用双作用气缸作为执行元件,根据控制方式的不同,形成不同的工作任务。

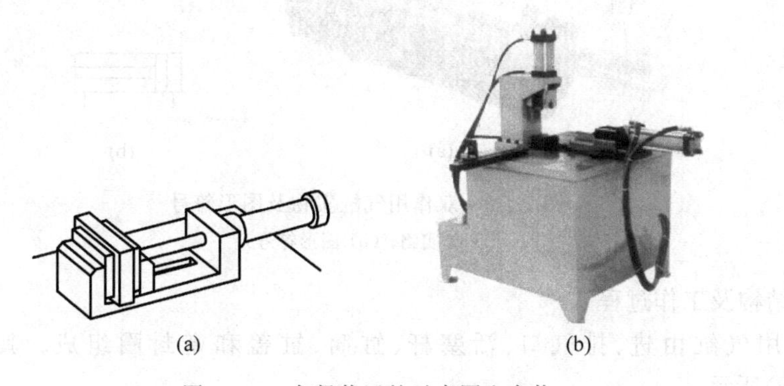

图 1-4-1　夹紧装置的示意图和实物

(a) 示意图; (b) 实物

任务 4.1 点动夹紧装置控制

在系统中,对所夹物料无须长时间保持夹紧状态或只是让物料进行一次定位时,可采用点动夹紧装置。控制回路如图 1-4-2 所示。

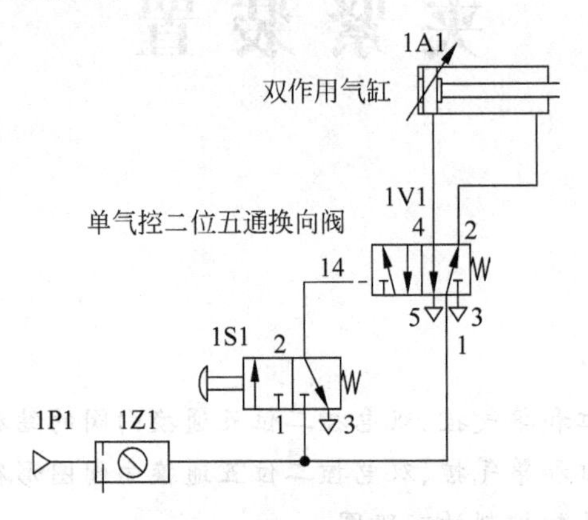

图 1-4-2 夹紧装置控制回路

1. 元件介绍

1) 双作用气缸

(1) 实物及图形符号

双作用气缸属于气动执行元件。在压缩空气作用下,其活塞杆既可以伸出,也可以回缩。双作用气缸有两个相同的进、排气口,其实物与图形符号如图 1-4-3 所示。

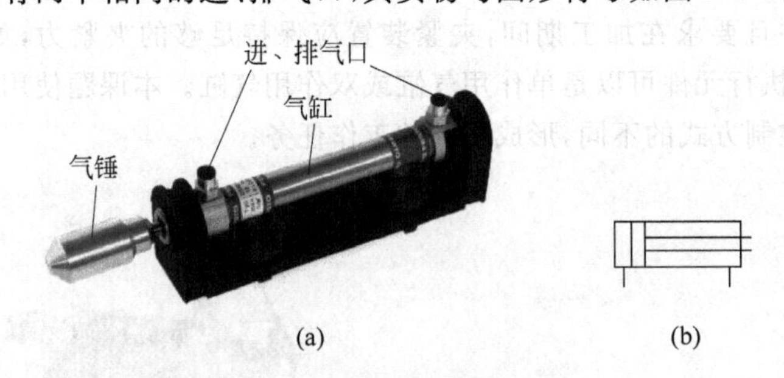

图 1-4-3 双作用气缸实物及图形符号

(a) 实物;(b) 图形符号

(2) 结构及工作过程

双作用气缸由进、排气口、活塞杆、缸筒、缸盖和密封圈组成。其结构示意如图 1-4-4(a)所示。

工作过程:当压缩空气从左进、排气口进入,作用于活塞的下腔,而右进、排气口与大气相通不构成阻力。此时,如图 1-4-4(b)所示的活塞杆伸出。与单作用气缸不同的是,当

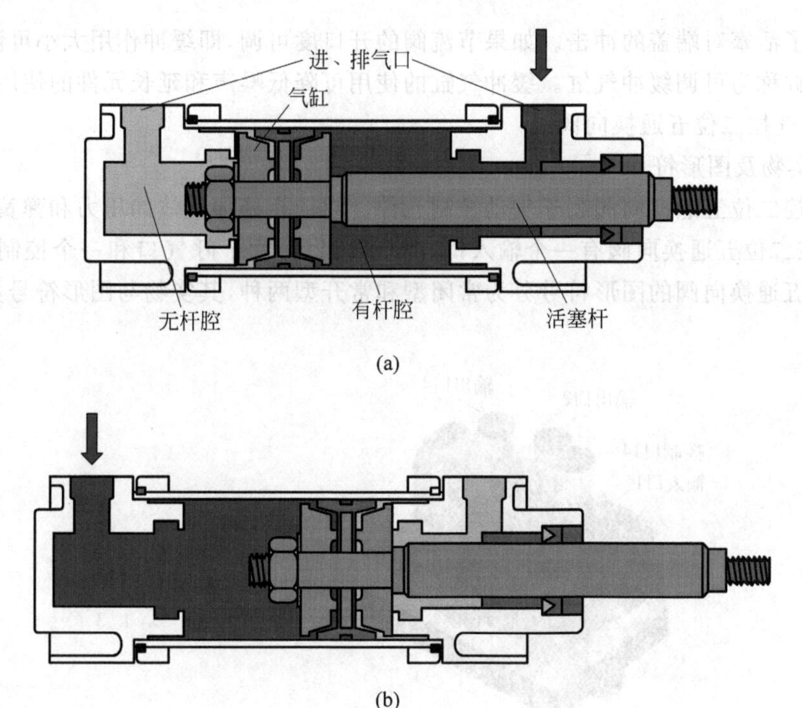

图 1-4-4 双作用气缸结构及工作过程

(a) 结构；(b) 工作过程

外部压缩空气撤去时，活塞杆不会缩回。只有当压缩空气从右进、排气口进入，左进、排气口与大气相通时，活塞杆才缩回，如图 1-4-4(b)所示。

(3) 特点及适用场合

图 1-4-4 所示为无缓冲气缸。在行程较长或负荷较大时，当活塞接近行程末端仍具有较高的速度，会对端盖形成较大的冲击，造成对气缸的损坏。为了避免这种现象，在气缸的两端设置了缓冲装置，这类气缸称为缓冲气缸。缓冲气缸结构及图形符号如图 1-4-5 所示。

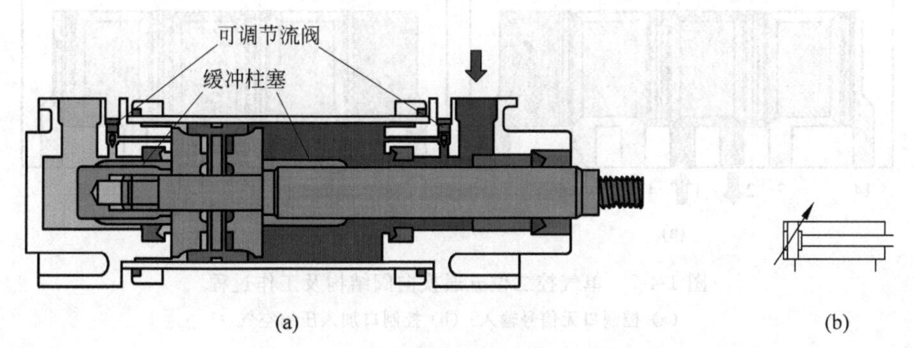

图 1-4-5 缓冲气缸结构及图形符号

(a) 结构；(b) 图形符号

当缓冲气缸活塞运动到接近行程末端时，缓冲柱塞阻断了空气直接流向外部的通路，这时只能通过一个可调节的节流阀排除。由于空气排出受阻，活塞运动速度就会降低，避免或减轻了活塞对端盖的冲击。如果节流阀的开口度可调,即缓冲作用大小可调,那么这种缓冲气缸称为可调缓冲气缸。缓冲气缸的使用可降低噪声和延长元件的使用寿命。

2）单气控二位五通换向阀

（1）实物及图形符号

单气控二位五通换向阀属于气动控制元件。它依靠外加气体的压力和弹簧力实现换向,单气控二位五通换向阀有一个输入口、两个输出口、两个呼气口和一个控制气口。单气控二位五通换向阀的图形符号分为常闭型和常开型两种,其实物与图形符号如图 1-4-6 所示。

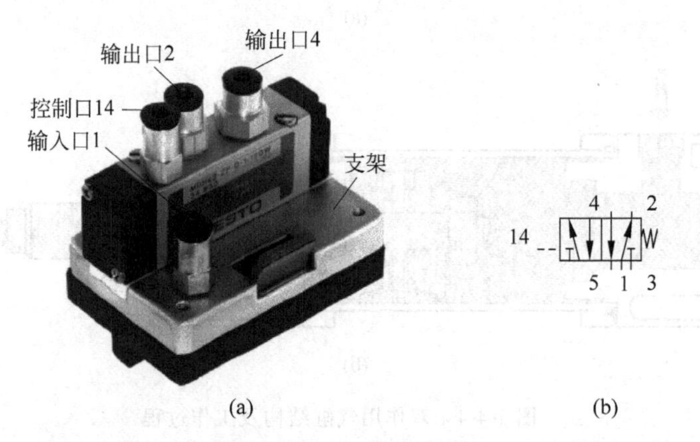

图 1-4-6 单气控二位五通换向阀实物及图形符号

(a) 实物；(b) 图形符号

（2）结构及工作过程

单气控二位五通换向阀的结构由输入口、输出口、呼气口、控制口、阀芯、弹簧和阀体等组成,其结构示意如图 1-4-7 所示。

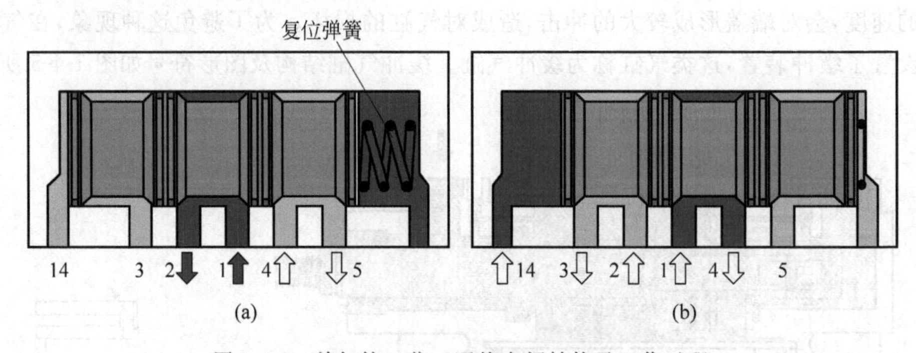

图 1-4-7 单气控二位五通换向阀结构及工作过程

(a) 控制口无信号输入；(b) 控制口加入压缩空气

工作过程：当控制口 14 无信号输入时,在复位弹簧的作用下,使得输入口 1 与输出口 2、输出口 4 与呼气口 5 相通,如图 1-4-7(a)所示；当控制口 14 加入压缩空气时,阀芯右移,使得输入口 1 与输出口 4、输出口 2 与呼气口 3 相通,如图 1-4-7(b)所示。

2. 气路控制原理

控制回路如图 1-4-2 所示，气源通过气动二联件的过滤和减压送到手动换向阀(1S1)，输入口 1 被关闭；压缩空气从单气控二位五通换向阀(1V1)输入口 1 经过输出口 2 到双作用气缸(1A1)的有杆腔气口进入，使得气缸回缩。

当按下手动换向阀(1S1)的按钮时，手动换向阀(1S1)工作在左位，则输入口 1 与输出口 2 接通，呼气口 3 关闭，压缩空气从 1 口到 2 口进入送到 1V1 的控制口 14，1V1 换向阀换向，压缩空气从 1V1 的 1 口进到 4 口出，再送到 1A1 的无杆腔进气口，1A1 的有杆腔进气口与大气相通，推动 1A1 伸出，夹紧物料。控制回器如图 1-4-8 所示。

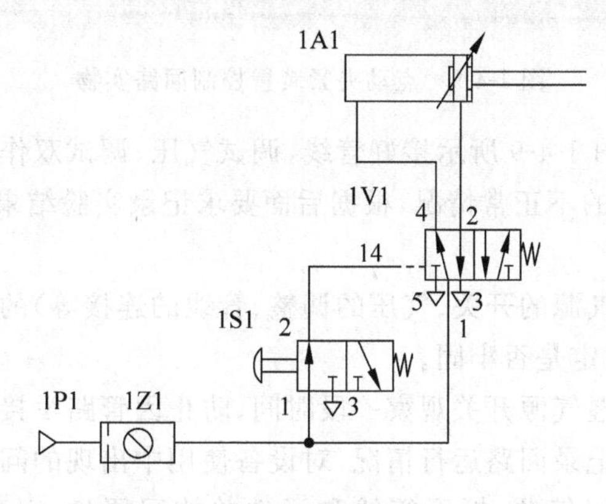

图 1-4-8　夹紧装置控制动作回路

当释放 1S1 的按钮后，1S1 和 1V1 在弹簧的作用下复位，换向阀返回，1A1 缩回。

注意：夹紧物料的时间是由人为控制的。

3. 回路搭建训练

1) 元件选择

根据任务要求选择元件，检查元件是否完好，并在表 1-4-1 中填写元件在回路中的作用。

表 1-4-1　元件在回路中的作用

序号	符号	元件名称	作　用
1	1A1	双作用气缸	
2	1V1	单气控二位五通换向阀	
3	1S1	手动换向阀	
4	1Z1	二联件	
5	1P1	气源	

2) 任务实施

(1) 气动控制回路如图 1-4-2 所示。

(2) 实物如图 1-4-9 所示。

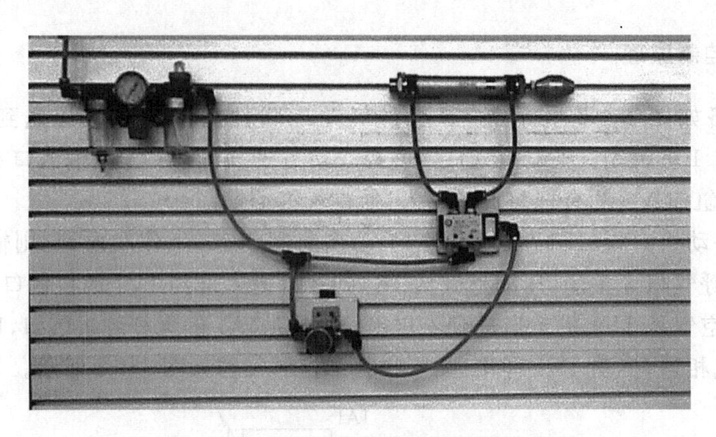

图 1-4-9 点动夹紧装置控制回路实物

(3) 任务调试：按图 1-4-9 所示接好管线，调试气压、调试双作用气缸到位情况等，分析和解决在实验中出现的不正常情况，根据后面要求记录实验结果。

(4) 注意事项：

① 熟悉实训设备(气源的开关、气压的调整、管线的连接等)的使用方法。

② 元件的安装与固定是否牢固。

③ 打开气源时，手握气源开关观察一段时间，防止因管路没接好被打出。

④ 打开气源观察、记录回路运行情况，对设备使用中出现的问题进行分析和解决。

⑤ 完成实验后，关闭气源，拆下管线和元件并放回原位，对破损、老化管线应及时处理。

3) 实验分析与收获

(1) 点动夹紧装置的执行元件是________，它有________个气口，分别有________作用；主控元件是________，它有________个气口，分别有________作用；此控制回路的特点是____________________。

(2) 根据实验现象填写系统动作情况。

按下 1S1→

释放 1S1→

(3) 请问换用二位三通换向阀作为主控阀控制双作用气缸可行吗？为什么？

(4) 请问换用二位五通换向阀作为主控阀控制单作用气缸可行吗？为什么？

4. 知识链接

1）无杆双作用气缸

以上介绍的都是有活塞杆的气缸，在双作用气缸中还有一种无杆双作用气缸，图1-4-10所示为其实物和图形符号。

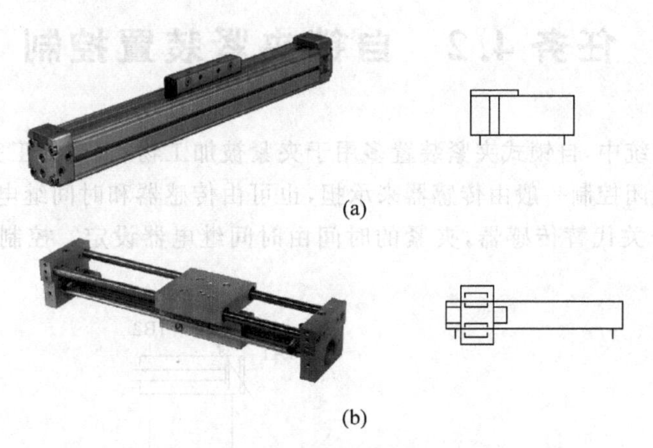

图1-4-10　无杆气缸实物和图形符号

(a) 机械耦合式无杆气缸实物和图形符号；(b) 磁耦合式无杆气缸实物和图形符号

2）其他双作用气缸

双作用气缸形式多样，有单端、双端，有单活塞、双活塞等各种形式，图1-4-11所示为其实物和图形符号。

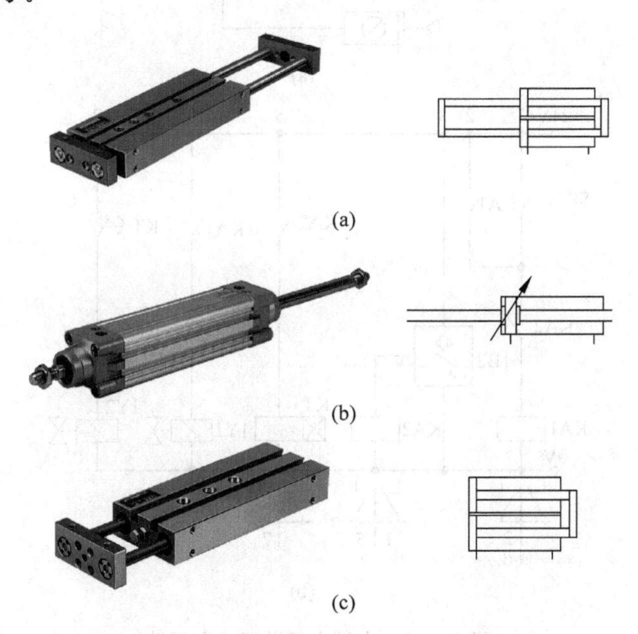

图1-4-11　其他形式的气缸实物和图形符号

(a) 双端双活塞杆缸实物和图形符号；(b) 单端活塞杆缸实物和图形符号；(c) 双活塞杆缸实物和图形符号

5. 思考与练习

(1) 请说明双作用气缸与单作用气缸的各自特点。

(2) 试使用单作用气缸设计点动夹紧装置控制回路。

任务 4.2 自锁夹紧装置控制

在自动化系统中，自锁式夹紧装置多用于夹紧被加工物料，当加工完成后自动松开。夹紧的开启和关闭控制一般由传感器来承担，也可由传感器和时间继电器来控制。本课题任务由按钮开关代替传感器，夹紧的时间由时间继电器设定。控制回路如图 1-4-12 所示。

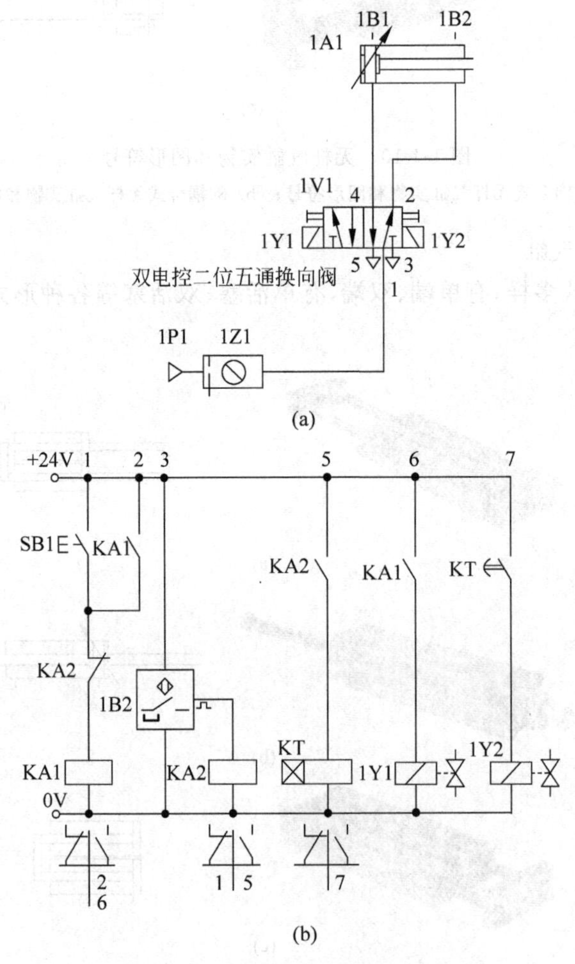

图 1-4-12 自锁夹紧装置控制回路

(a) 气动回路；(b) 电控回路

1. 元件介绍

1）实物及图形符号

双电控二位五通换向阀属于气动控制元件，它依靠电磁力实现换向。双电控二位五通换向阀有一个进气口、两个输出口、两个呼气口和两个电磁阀线圈，其实物与图形符号如图 1-4-13 所示。

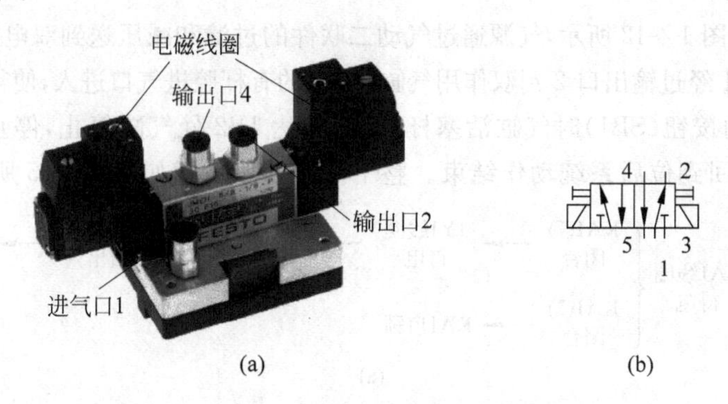

图 1-4-13　双电控二位五通换向阀实物及图形符号

(a) 实物；(b) 图形符号

2）结构及工作过程

双电控二位五通换向阀由输入口、输出口、呼气口、阀芯、阀体、电磁阀线圈和手控杆等组成，其结构示意如图 1-4-14(a)所示。

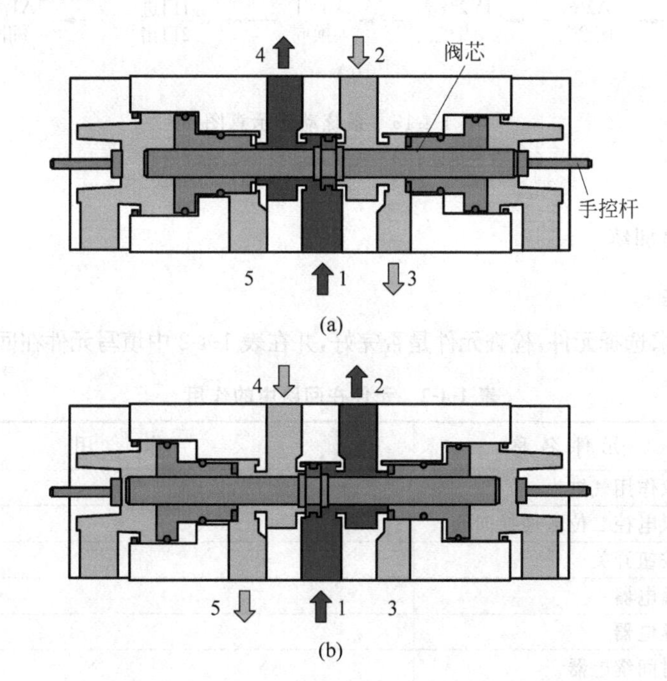

图 1-4-14　双电控二位五通换向阀结构及工作过程

(a) 1Y1 电磁线圈得电或按下左手动杆；(b) 1Y2 电磁线圈得电或按下右手动杆

工作过程：当 1Y1 电磁线圈得电或按下左手动杆时，阀芯右移，输入口 1 与输出口 4 相通，同时输出口 2 与呼气口 3 相通，如图 1-4-14(a)所示。当 1Y2 电磁线圈得电或按下右手动杆时，阀芯左移，输入口 1 与输出口 2 相通，同时输出口 4 与呼气口 5 相通，如图 1-4-14(b)所示。

2. 气路控制原理

控制回路如图 1-4-12 所示，气源通过气动二联件的过滤和减压送到双电控二位五通换向阀(1V1)输入口 1 经过输出口 2 到双作用气缸(1A1)的有杆腔进气口进入，使得气缸回缩。

当按下启动按钮(SB1)时气缸活塞杆伸出，到达 1B2 处气缸停止，停止一段时间后气缸回缩，气缸返回到位后系统动作结束。整个系统动作示意如图 1-4-15 所示。

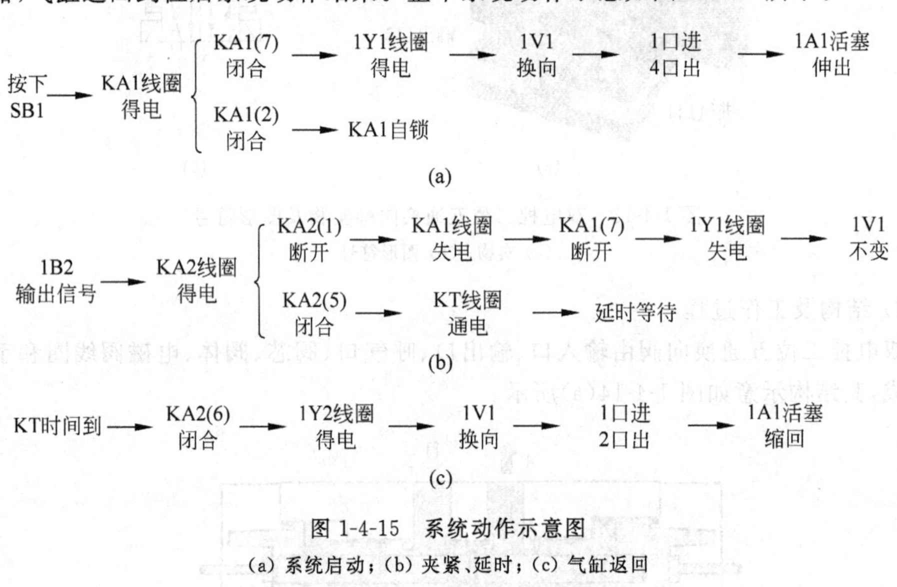

图 1-4-15 系统动作示意图

(a) 系统启动；(b) 夹紧、延时；(c) 气缸返回

3. 回路搭建训练

1）元件选择

根据任务要求选择元件，检查元件是否完好，并在表 1-4-2 中填写元件在回路中的作用。

表 1-4-2 元件在回路中的作用

序号	符号	元件名称	作用
1	1A1	双作用气缸	
2	1V1	双电控二位五通换向阀	
3	SB1	按钮开关	
4	KA1	继电器	
5	KA2	继电器	
6	KT	时间继电器	
7	1B2	磁感应式接近开关	
8	1Y1	电磁阀线圈	

续表

序号	符号	元件名称	作用
9	1Y2	电磁阀线圈	
10	1Z1	二联件	
11	1P1	气源	

2）任务实施

（1）气动控制回路如图1-4-12所示。

（2）实物如图1-4-16所示。

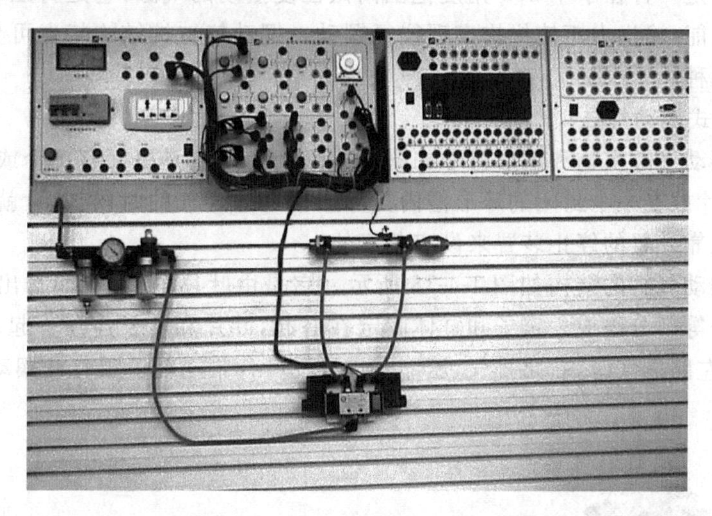

图1-4-16 自锁夹紧装置控制回路实物

（3）任务调试：按图1-4-16所示接好管线，调试气压、调试双作用气缸到位情况等，分析和解决在实验中出现的不正常情况，根据后面要求记录实验结果。

（4）注意事项：

① 熟悉实训设备（气源的开关、气压的调整、管线的连接等）的使用方法。

② 元件的安装与固定是否牢固。

③ 打开气源时，手握气源开关观察一段时间，防止因管路没接好被打出。

④ 打开气源观察、记录回路运行情况，对设备使用中出现的问题进行分析和解决。

⑤ 完成实验后关闭气源，拆下管线和元件并放回原位，对破损、老化管线应及时处理。

3）实验分析与收获

（1）自锁夹紧装置的执行元件是________；主控元件是________，它有________个气口，分别是________，它的换向方式是________（电控、气控、机控、手控、弹簧），复位方式是________（电控、气控、机控、手控、弹簧）；时间继电器的用途是________，在自动化控制系统中还可以使用________替代。

（2）根据以上实验现象填写表1-4-3所示的双电控二位五通换向阀的进气、出气或无气情况。

表 1-4-3 双电控二位五通换向阀的进气、出气或无气情况

动 作	1V1 阀芯(左移、右移)	1V1(1)	1V1(2)	1V1(3)	1V1(4)	1V1(5)
1Y1 线圈得电						
1Y2 线圈得电						

4. 知识链接

1) 摆动气缸

摆动气缸是一种在小于 360°角度范围内做往复摆动的气缸,它是将压缩空气的压力能转换成机械能,输出力矩使机构实现往复摆动。摆动气缸按结构特点可分为叶片式和齿轮齿条式两种。

(1) 叶片式摆动气缸

叶片式摆动气缸实物和图形符号如图 1-4-17 所示。它是里面有 1 个或 2 个叶片,连在心轴上,叶片放在一个封闭的环形槽内。环形槽一边通气的时候,叶片就摆向另一边。这种气缸是依靠外置的停止装置来设定角度的。

叶片式摆动气缸的结构如图 1-4-18 所示。它是由叶片轴转子(即输出轴)、定子、缸体和前后端盖等部分组成。定子和缸体固定在一起,叶片和转子连在一起。在定子上有两条气路,当左路进气时,右路排气,压缩空气推动叶片带动转子顺时针摆动;反之,做逆时针摆动。

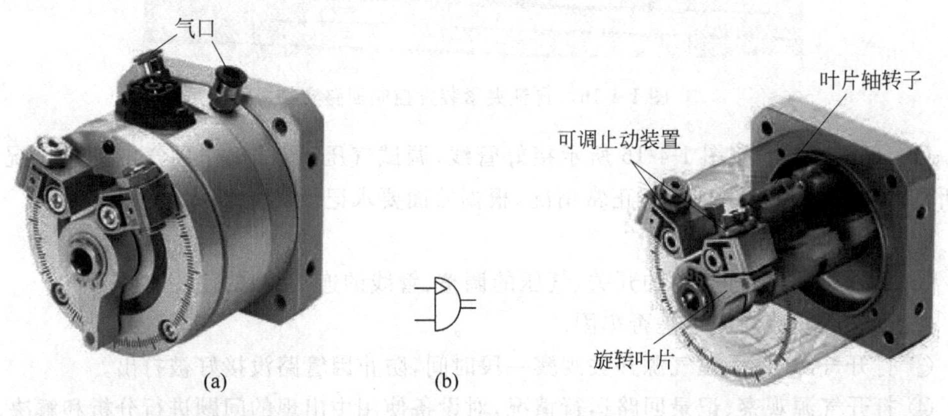

图 1-4-17 叶片式摆动气缸实物和图形符号
(a) 实物;(b) 图形符号

图 1-4-18 叶片式摆动气缸的结构

叶片式摆动气缸体积小,重量最轻,但制造精度要求高,密封困难,泄漏较大,而且动密封接触面积大,密封件的摩擦阻力损失较大,输出效率较低,小于 80%。因此,在应用上受到限制,一般只用在安装位置受到限制的场合,如夹具的回转、阀门开闭及工作台转位等。

(2) 齿轮齿条式摆动气缸

齿轮齿条式摆动气缸是活塞式摆动气缸的一种,是利用气压推动气缸活塞做直线运动,再将活塞带动齿条的往复运动通过机构转变为输出轴的摆动运动。齿轮齿条式摆动气缸的实物和结构如图 1-4-19 所示。

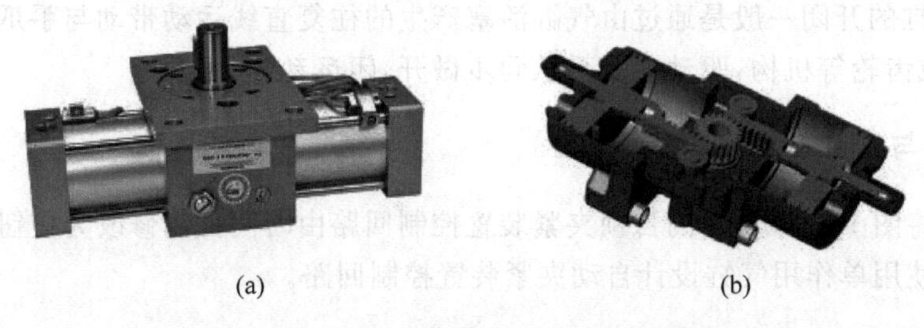

图 1-4-19　齿轮齿条式摆动气缸实物和结构

(a) 实物；(b) 结构

工作过程：当压缩空气从气口 2 进入气缸两活塞之间的中腔时，使两活塞分离向气缸两端方向移动，两端气腔的空气通过气口 4 排出，同时使两活塞齿条同步带动输出轴(齿轮)逆时针方向旋转，如图 1-4-20(a)所示；反之，压缩空气从气口 4 进入气缸两端气腔时，使两活塞向气缸中间方向移动，中间气腔的空气通过气口 2 排出，同时使两活塞齿条同步带动输出轴(齿轮)顺时针方向旋转，如图 1-4-20(b)所示。

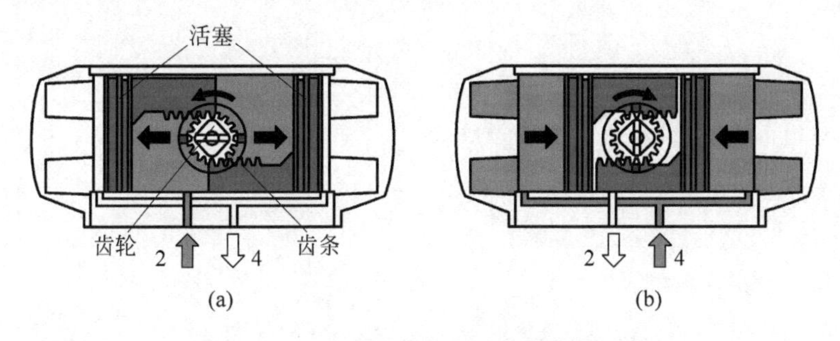

图 1-4-20　齿轮齿条式摆动气缸结构示意

(a) 输出轴逆时针方向旋转；(b) 输出轴顺时针方向旋转

齿轮齿条式摆动气缸摩擦损失少，齿轮传动的效率较高，此摆动气缸效率可达到95%左右。

2) 手指气缸

手爪执行元件是一种变型气缸。它可以用来抓取物体，实现机械手的各种动作。在自动化系统中，气动手爪常应用在搬运、传送工件机构中抓取、拾放物体。根据结构的不同将手爪分为平行开合手指、肘节摆动开合手爪，有两爪、三爪和四爪等类型，其中两爪中有平开式和支点开闭式，驱动方式有直线式和旋转式，如图 1-4-21 所示。

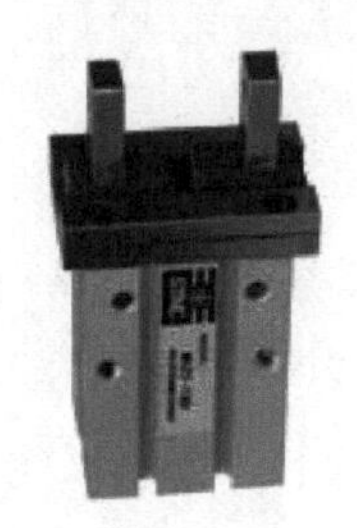

图 1-4-21　手指气缸实物

手指气缸的开闭一般是通过由气缸活塞产生的往复直线运动带动与手爪相连的曲柄连杆、滚轮或齿轮等机构，驱动各个手爪同步做开、闭运动。

5. 思考与练习

(1) 试将图 1-4-12 所示的自锁夹紧装置控制回路由时间控制修改为按钮控制。

(2) 试使用单作用气缸设计自动夹紧装置控制回路。

课题 5

自动输送装置

学习目标

(1) 了解单电控二位五通换向阀和可调单向节流阀的结构和原理。
(2) 掌握单电控二位五通换向阀和可调单向节流阀图形符号与应用场合。
(3) 会识读双作用气缸控制的回路图。

技能目标

(1) 会正确使用气动的相关设备,如磁感应式传感器。
(2) 会正确使用单电控二位五通换向阀和可调单向节流阀。
(3) 根据控制系统回路图会正确安装气路。
(4) 会分析控制系统回路图动作过程。
(5) 会调试设备,并能排除相关的故障。

在工业自动化生产中,自动输送装置可以由自动识别系统来甄别物料的颜色、大小或加工情况,从而对将物料送入哪一条传送带上做出判断,如图 1-5-1 所示。自动识别系统可由各种传感器及 PLC 构成,在本课题中不作赘述。在此只探讨自动输送装置的执行机构及控制部分。

图 1-5-1　自动输送装置的实物

任务 5.1 电控自动输送装置控制

自动输送装置控制中,自动识别系统使用按钮开关来替代。当按下开关时,就相当于检测到所需输送的物料,装置执行传送。控制回路如图 1-5-2 所示。

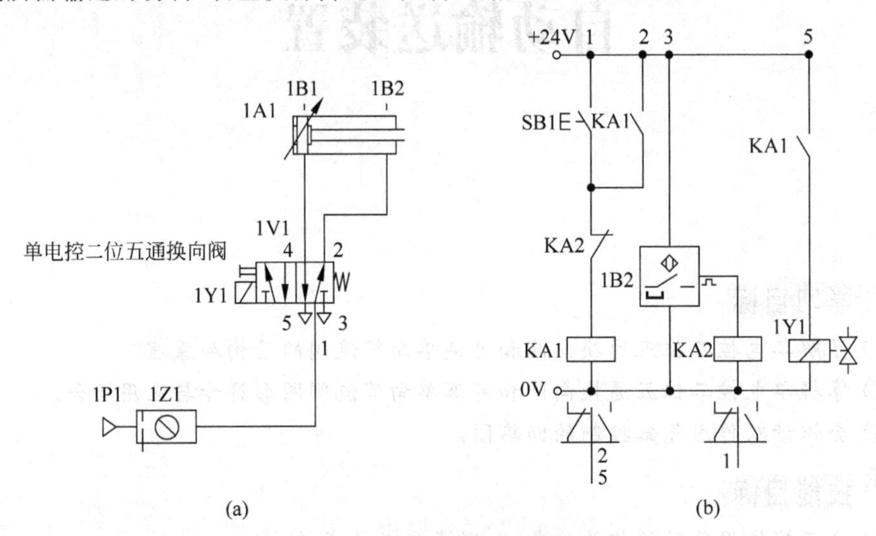

图 1-5-2 电控自动输送装置控制回路

(a) 气动回路;(b) 电控回路

1. 元件介绍

1) 实物及图形符号

单电控二位五通换向阀属于气动控制元件,它依靠电磁力和弹簧力实现换向。单电控二位五通换向阀有一个进气口、两个输出口、两个呼气口和电磁阀线圈,其实物与图形符号如图 1-5-3 所示。

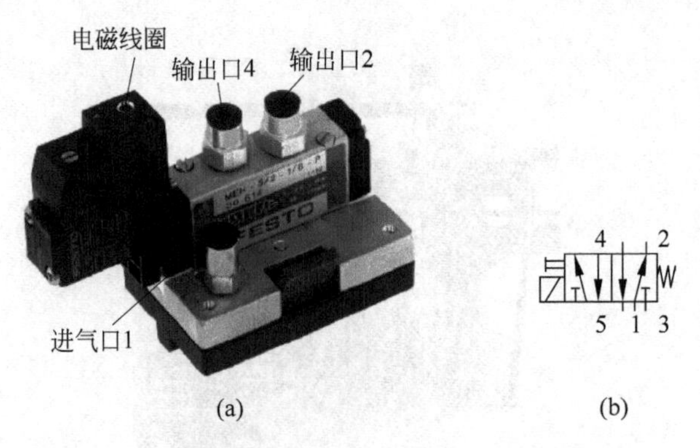

图 1-5-3 单电控二位五通换向阀实物及图形符号

(a) 实物;(b) 图形符号

2）结构及工作过程

单电控二位五通换向阀的结构与单气控二位五通换向阀类似。

工作过程：当电磁阀线圈无信号输入时，在复位弹簧的作用下，使得输入口 1 与输出口 2、输出口 4 与呼气口 5 相通，如图 1-4-7(a)所示；当电磁阀线圈通电时，阀芯右移，使得输入口 1 与输出口 4、输出口 2 与呼气口 3 相通，如图 1-4-7(b)所示。

2. 气路控制原理

控制回路如图 1-5-2 所示，气源通过气动二联件的过滤和减压送到单电控二位五通换向阀（1V1）输入口 1，经过输出口 2 到双作用气缸（1A1）的有杆腔进气口进入，使得气缸回缩。

当按下启动按钮（SB1），气缸活塞杆迅速伸出，到达 1B2 处后，气缸回缩，返回到位后系统动作结束。整个系统动作示意如图 1-5-4 所示。

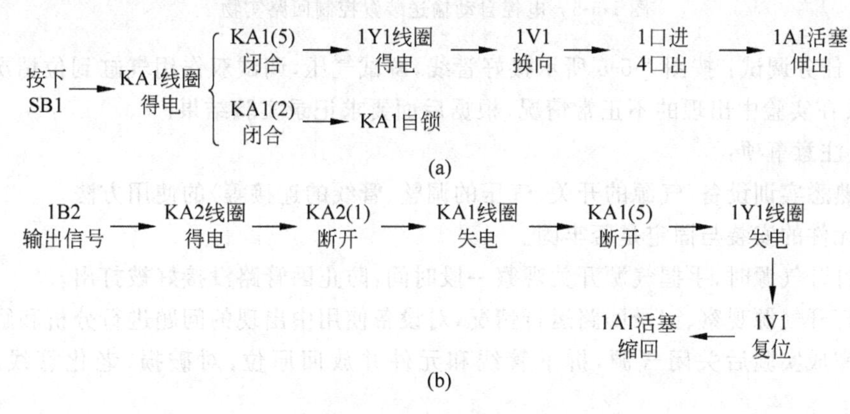

图 1-5-4 系统动作示意图

(a) 系统启动；(b) 气缸返回

3. 回路搭建训练

1）元件选择

根据任务要求选择元件，检查元件是否完好，并在表 1-5-1 中填写元件在回路中的作用。

表 1-5-1 元件在回路中的作用

序号	符号	元 件 名 称	作 用
1	1A1	双作用气缸	
2	1V1	单电控二位五通换向阀	
3	SB1	按钮开关	
4	KA1	继电器	
5	KA2	继电器	
6	1B2	磁性开关	
7	1Y1	电磁阀线圈	
8	1Z1	二联件	
9	1P1	气源	

2）任务实施

(1) 气动控制回路如图 1-5-2 所示。

(2) 实物如图 1-5-5 所示。

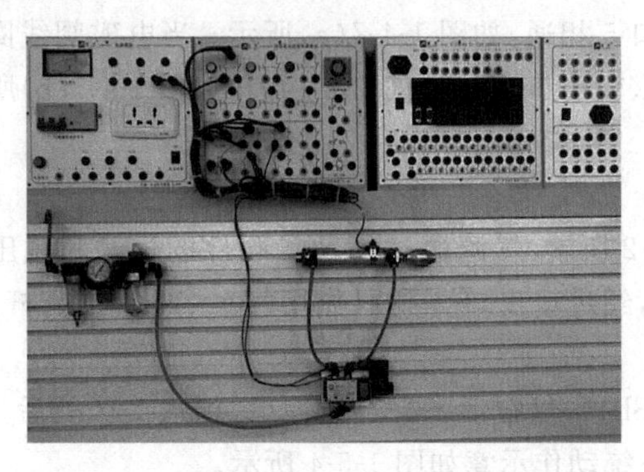

图 1-5-5　电控自动输送装置控制回路实物

(3) 任务调试：按图 1-5-5 所示接好管线，调试气压，调试双作用气缸到位情况等，分析和解决在实验中出现的不正常情况，根据后面要求记录实验结果。

(4) 注意事项：

① 熟悉实训设备(气源的开关、气压的调整、管线的连接等)的使用方法。

② 元件的安装与固定是否牢固。

③ 打开气源时，手握气源开关观察一段时间，防止因管路没接好被打出。

④ 打开气源观察、记录回路运行情况，对设备使用中出现的问题进行分析和解决。

⑤ 完成实验后关闭气源，拆下管线和元件并放回原位，对破损、老化管线应及时处理。

3）实验分析与收获

(1) 电控自动输送装置的执行元件是________，主控元件是________它有________个气口，分别是________，它的换向方式是________(电控、气控、机控、手控、弹簧)、复位方式是________(电控、气控、机控、手控、弹簧)；按钮开关在自动化控制系统中还可以使用________替代。

(2) 根据以上实验现象填写表 1-5-2 所列的单电控二位五通换向阀的进气、出气或无气情况。

表 1-5-2　单电控二位五通换向阀的进气、出气或无气情况

动　作	1V1 阀芯(左移、右移)	1V1(1)	1V1(2)	1V1(3)	1V1(4)	1V1(5)
1Y1 线圈得电						
1Y1 线圈失电						

4. 知识链接

1）气控接近开关

气缸活塞上的永久磁环随着活塞的运动来驱动气控接近开关动作，即 1 口与 2 口接

通，并发出气控信号。气控接近开关的实物和图形符号如图 1-5-6 所示。

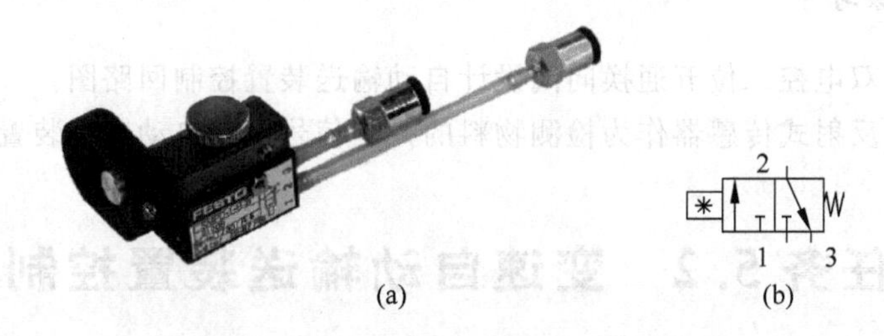

(a) (b)

图 1-5-6 气控接近开关的实物和图形符号

(a) 实物；(b) 图形符号

2) 反射式传感器

反射式传感器是一种非接触式气动信号输出模块，进气口 1 的压力为低压气信号。当有被测物体存在时，进气气流被反射至传感器输出通道，在工作口 2 就有气信号输出，且进气口 1 的压力上升。反射式传感器的实物和图形符号如图 1-5-7 所示。

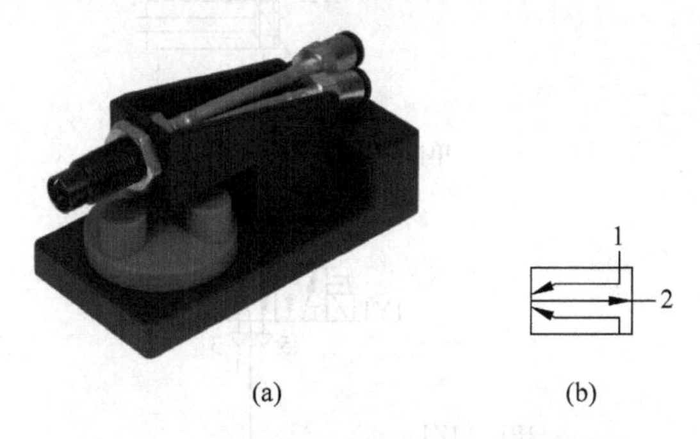

(a) (b)

图 1-5-7 反射式传感器的实物和图形符号

(a) 实物；(b) 图形符号

3) 磁感应式传感器

磁感应式传感器是利用磁性物体的磁场作用来实现对物体感应的，它主要有霍尔式传感器和磁性开关两种。磁感应式传感器的实物和图形符号如图 1-5-8 所示。

磁性开关是流体传动系统中所特有的。磁性开关可以直接安装在气缸缸体上，当带有磁性的活塞移动到磁性开关所在位置时，磁性开关内的两个金属簧片在磁环磁场的作用下吸合，发出信号。当活塞移开，舌簧开关离开磁场，触点自动断开，信号切断。通过这种方式可以很方便地实现对气缸活塞位置的检测。

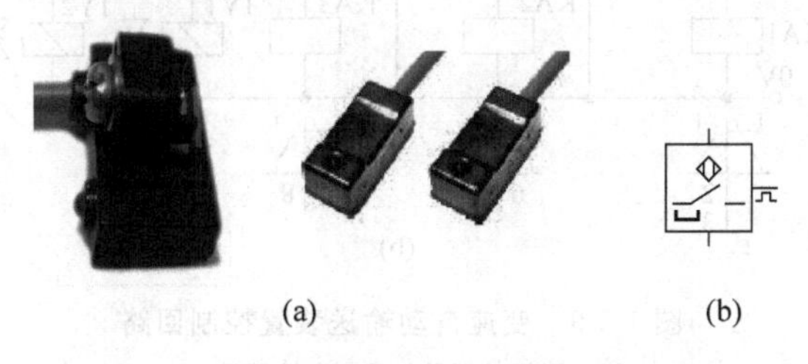

(a) (b)

图 1-5-8 磁感应式传感器的实物和图形符号

(a) 实物；(b) 图形符号

5. 思考与练习

(1) 请使用双电控二位五通换向阀设计自动输送装置控制回路图。

(2) 试使用反射式传感器作为检测物料的控制信号设计自动输送装置控制回路图。

任务 5.2 变速自动输送装置控制

在自动输送装置控制中,因为输送的需要,要求气缸活塞有速度的变化。如气缸活塞快速伸出,缓慢回缩;或是气缸活塞缓慢伸出,快速回缩;或是缓慢伸出,缓慢回缩等。这样使得自动输送装置的传送速度发生了变化,图 1-5-9 所示为变速自动输送装置控制回路。

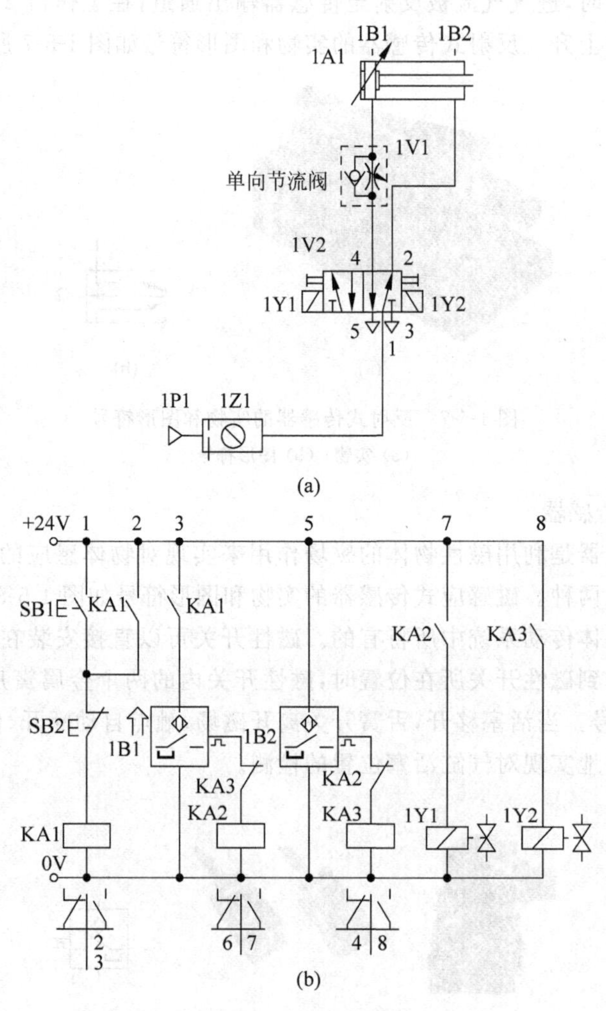

图 1-5-9 变速自动输送装置控制回路

(a) 气动回路;(b) 电控回路

1. 元件介绍

1) 实物及图形符号

可调单向节流阀由单向阀和可调节流阀组成。单向阀在一个方向上可以阻止压缩空气流动,压缩空气经可调节流阀流出,调节螺钉可以调节节流面积。可调单向节流阀有一个进气口、一个出气口和调节旋钮,其实物与图形符号如图 1-5-10 所示。

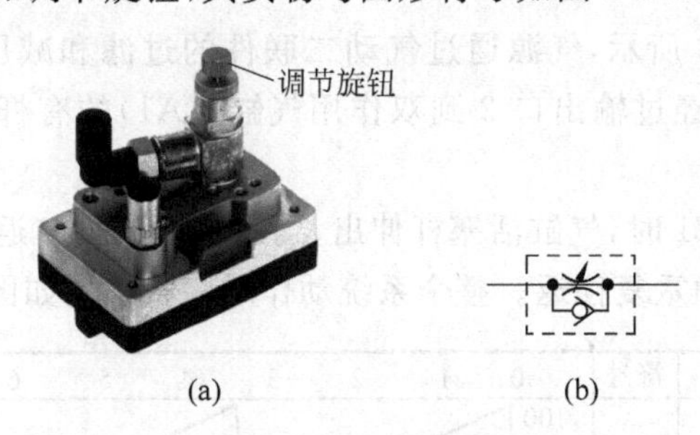

图 1-5-10 可调单向节流阀实物及图形符号

(a) 实物;(b) 图形符号

2) 结构及工作过程

可调单向节流阀由进气口、出气口、调节旋钮、阀体和单向阀芯等组成,其结构示意如图 1-5-11(a)所示。

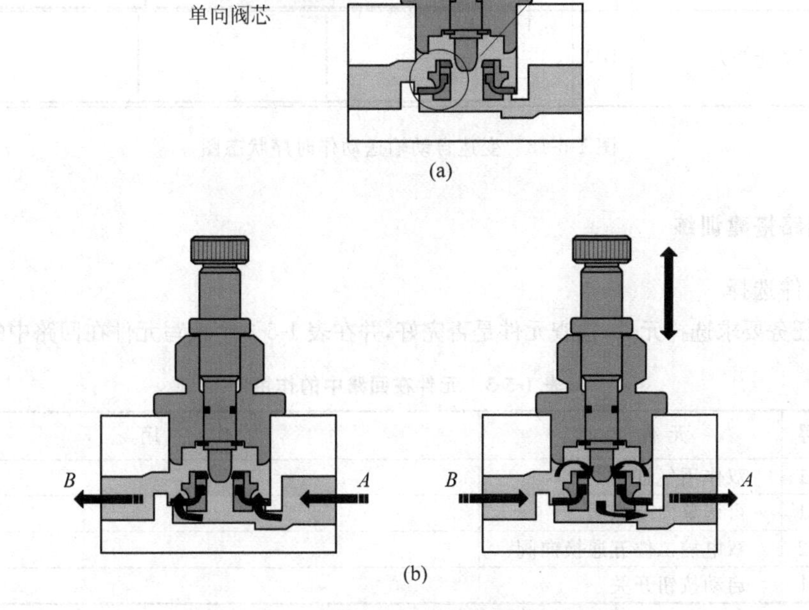

图 1-5-11 可调单向节流阀结构及工作过程

(a) 结构;(b) 工作过程

工作过程：可调单向节流阀如图 1-5-11(a)所示，当压缩空气从 A 端进入时单向阀芯打开，压缩空气顺利地从 B 端流出。如图 1-5-11(b)所示，当压缩空气从 B 端进入时单向阀芯关闭，压缩空气只能从节流气口流出到 A。由于受到节流气口大小的影响，从而控制了空气的流量，达到了节流的目的。

2. 气路控制原理

控制回路如图 1-5-9 所示，气源通过气动二联件的过滤和减压送到双电控二位五通换向阀(1V2)输入口 1，经过输出口 2 到双作用气缸(1A1)的有杆腔进气口进入，使得气缸回缩。

当按下启动按钮 SB1 时，气缸活塞杆伸出，到达 1B2 处气缸返回，返回到 1B1 处气缸活塞杆再伸出，如此自动重复往返。整个系统动作时序状态图如图 1-5-12 所示。

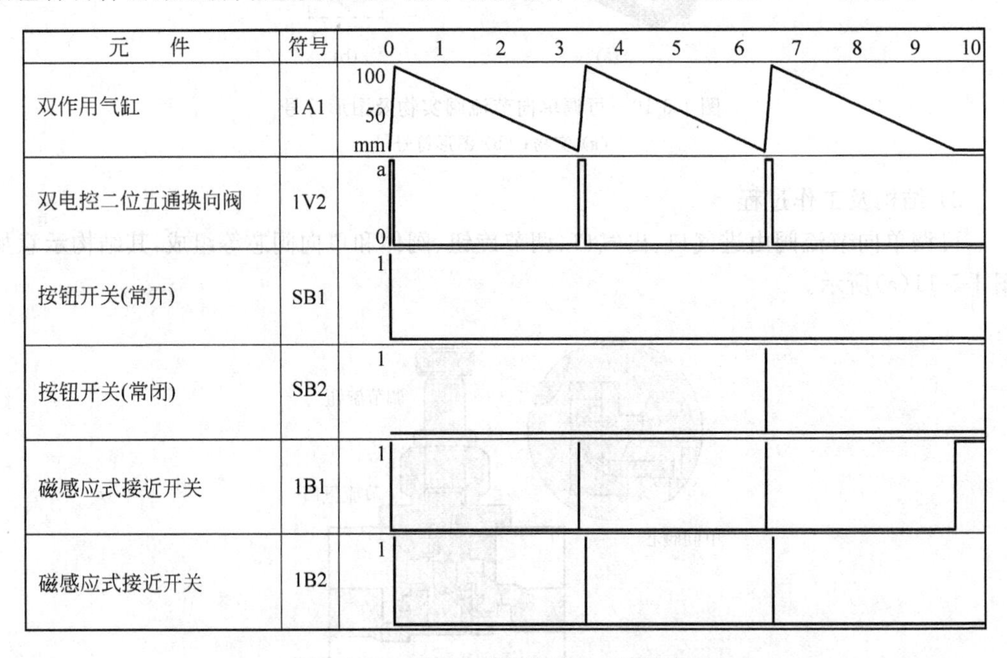

图 1-5-12 变速自动输送动作时序状态图

3. 回路搭建训练

1) 元件选择

根据任务要求选择元件，检查元件是否完好，并在表 1-5-3 中填写元件在回路中的作用。

表 1-5-3 元件在回路中的作用

序号	符号	元件名称	作 用
1	1A1	双作用气缸	
2	1V1	可调单向节流阀	
3	1V2	双电控二位五通换向阀	
4	SB1	启动按钮开关	

续表

序号	符号	元件名称	作用
5	SB2	停止按钮开关	
6	KA1	继电器	
7	KA2	继电器	
8	KA3	继电器	
9	1B1	磁感应式接近开关	
10	1B2	磁感应式接近开关	
11	1Y1	电磁阀线圈	
12	1Y2	电磁阀线圈	
13	1Z1	二联件	
14	1P1	气源	

2）任务实施

(1) 气动控制回路如图 1-5-9 所示。

(2) 实物如图 1-5-13 所示。

图 1-5-13 变速自动输送装置控制回路实物

(3) 任务调试：按图 1-5-13 接好管线，调试气压、调试双作用气缸到位情况等，分析和解决在实验中出现的不正常情况，根据后面要求记录实验结果。

根据动作时序状态图调节系统，让系统达到时序的要求。

(4) 注意事项：

① 熟悉实训设备(气源的开关、气压的调整、管线的连接等)的使用方法。

② 元件的安装与固定是否牢固。

③ 打开气源时，手握气源开关观察一段时间，防止因管路没接好被打出。

④ 打开气源观察，记录回路运行情况，对设备使用中出现的问题进行分析和解决。

⑤ 完成实验后关闭气源，拆下管线和元件并放回原位，对破损、老化管线应及时

处理。

3）实验分析与收获

(1) 变速自动输送装置的执行元件是________，主控元件是________它有________个气口；速度控制元件是________，它有________个气口，气缸运动时通过________调节气缸运动速度。

(2) 根据以上实验现象，气缸活塞的伸出时间________s，是通过可调单向节流阀的________（单向阀、节流阀）调节的；气缸活塞的回缩时间________s，是通过可调单向节流阀的________（单向阀、节流阀）调节的。

(3) 调节可调单向节流阀旋钮，将记录的数据填入表 1-5-4 中。

表 1-5-4　可调单向节流阀旋钮调节后的数据

动　　作	最短(s)	最长(s)
双作用气缸活塞伸出时间		
双作用气缸活塞缩回时间		

4. 知识链接

1）可调节流阀

可调节流阀和可调单向节流阀都属于流量控制阀，都是通过改变阀的流通截面积来实现流量控制的。

图 1-5-14 所示为可调节流阀的实物、结构及图形符号。可调节流阀的开口度为无极调节，固定螺母能保持其开口度不变。可调节流阀常用于调节气缸活塞的运动速度，若有可能应直接安装在气缸上。但应注意，通过旋钮并不能设定绝对阻抗值，这意味着尽管具有相同设定值，但不同节流阀可以产生不同的阻抗值。

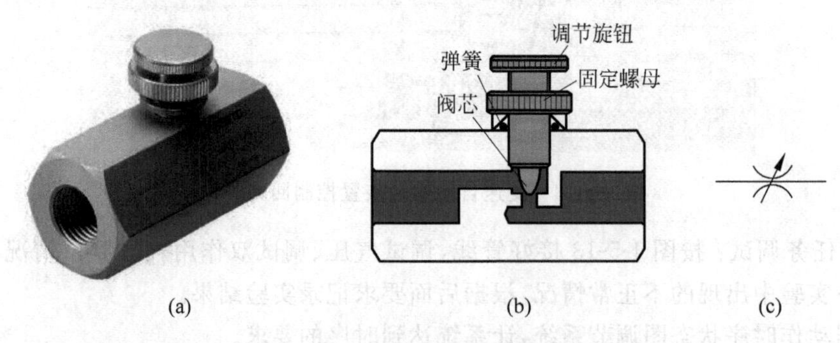

图 1-5-14　可调节流阀实物、结构和图形符号

(a) 实物；(b) 结构；(c) 图形符号

2）快速排气阀

快速排气阀可使气缸活塞运动速度加快，特别是在单作用气缸情况下，可以避免其回程时间过长。为了减小流阻，快速排气阀应靠近气缸安装，压缩空气通过大排气口排出。图 1-5-15 所示为快速排气阀实物和图形符号。

快速排气阀的结构如图 1-5-16 所示。沿气接口 1 至气接口 2 方向，由于单向阀开启，

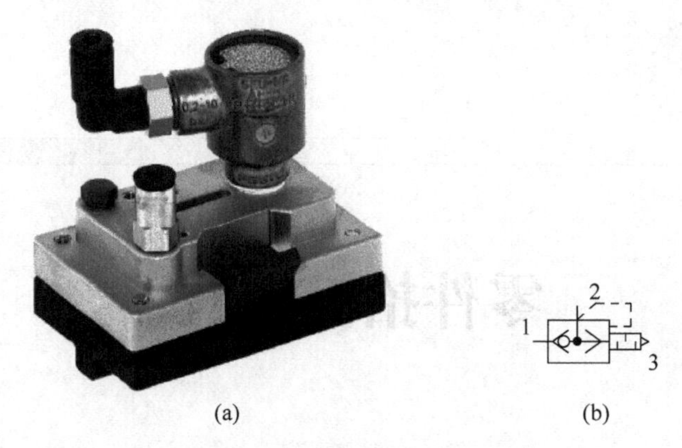

(a) (b)

图 1-5-15 快速排气阀实物和图形符号

(a) 实物；(b) 图形符号

压缩空气可自由通过，排气口 3 被圆盘式阀芯关闭，如图 1-5-16(a)所示。若气接口 2 为进气口，圆盘式阀芯就关闭气接口 1，压缩空气从大排气口 3 排出，如图 1-5-16(b)所示。一般情况下，快速排气阀直接安装在气缸上，或应靠近气缸安装，为了降低排气噪声，这种阀一般带消音器。

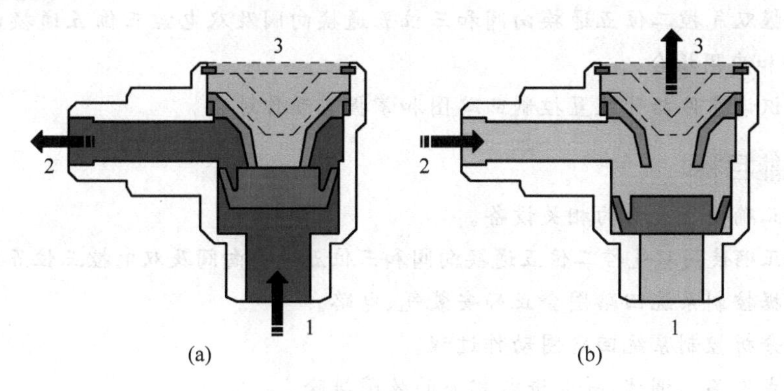

(a) (b)

图 1-5-16 快速排气阀结构

(a) 单向阀开启；(b) 气接口 2 为进气口

5. 思考与练习

(1) 请使用动作示意图分析回路图工作原理。

(2) 试分析按下停止按钮系统是否立即停止。为什么？

(3) 试设计出气缸活塞伸出、回缩速度都可以控制的变速自动输送装置控制回路。

课题 6

零件抬升装置

学习目标

（1）了解双气控二位五通换向阀和三位五通换向阀及双电控三位五通换向阀的结构和工作原理。

（2）掌握双气控二位五通换向阀和三位五通换向阀及双电控三位五通换向阀的图形符号的画法和应用场合。

（3）会识读零件抬升装置控制回路图和掌握其动作过程。

技能目标

（1）会正确使用气动的相关设备。

（2）会正确使用双气控二位五通换向阀和三位五通换向阀及双电控三位五通换向阀。

（3）根据控制系统回路图会正确安装气、电路。

（4）会分析控制系统回路图动作过程。

（5）完成设备的调试，并能进行相关的故障排除。

在柔性自动化生产线中经常使用零件抬升装置，如立体加工、垂直传送等都使用到零件抬升装置，如图 1-6-1 所示。零件在抬升过程中，可以使零件停留在一个或多个位置上，这样就形成了不同的工作任务。

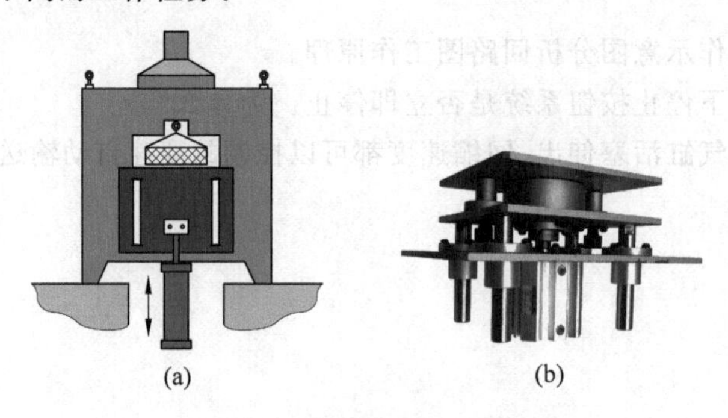

图 1-6-1　零件抬升装置示意图

(a) 示意图；(b) 实物

任务 6.1 手控气动零件抬升装置控制

对于抬升零件只有一个位置且要求不高。在不需要自动加工的情况下,可以使用手控气动零件抬升装置控制,如图 1-6-2 所示。

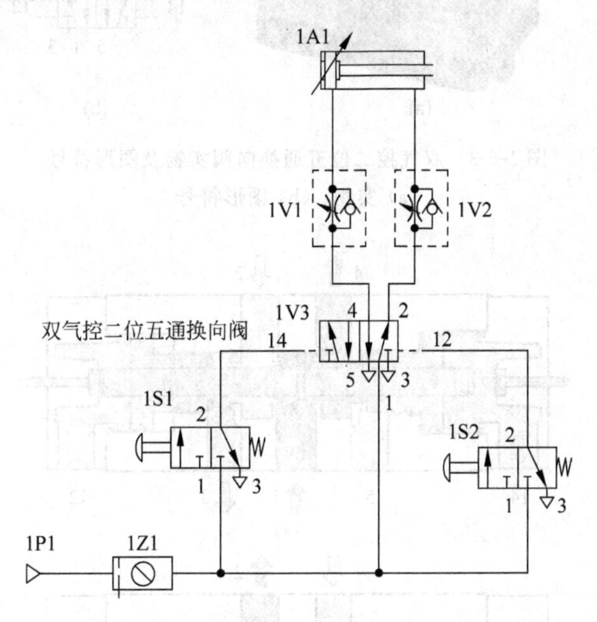

图 1-6-2 手控气动零件抬升装置控制回路

其优点是控制回路简单,使用元件少;缺点是不能实现自动化生产。为了减轻抬升和下降动作冲击力,在换向阀和气缸之间增加了单向节流阀,以缓解气缸活塞伸出和缩回给零件带来的冲击力。

1. 元件介绍

1) 实物及图形符号

双气控二位五通换向阀属于气动控制元件。它依靠外加气体的压力实现换向。双气控二位五通换向阀有一个输入口、两个输出口、两个控制口和两个呼气口。其实物与图形符号如图 1-6-3 所示。

2) 结构及工作过程

双气控二位五通换向阀由输入口、输出口、控制口、呼气口、阀体、阀芯和密封圈等组成,其结构示意如图 1-6-4 所示。

工作过程:当控制口 14 有信号或按下左手动杆时,阀芯右移,输入口 1 与输出口 4 相通,同时输出口 2 与呼气口 3 相通,如图 1-6-4(a)所示。当控制口 12 有信号或按下右手动杆时,阀芯左移,输入口 1 与输出口 2 相通,同时输出口 4 与呼气口 5 相通,如图 1-6-4(b)所示。

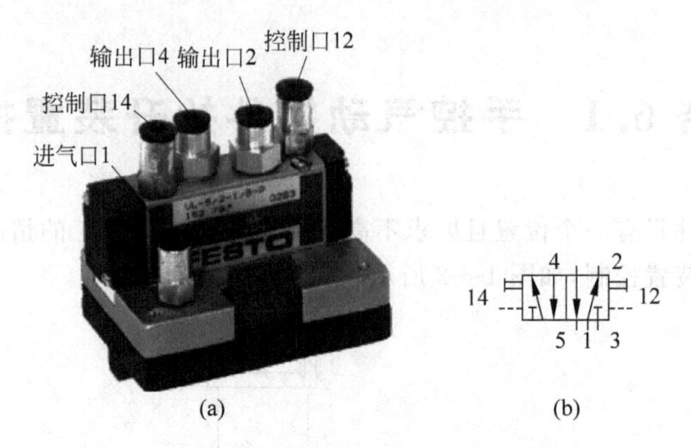

图 1-6-3 双气控二位五通换向阀实物及图形符号

(a) 实物；(b) 图形符号

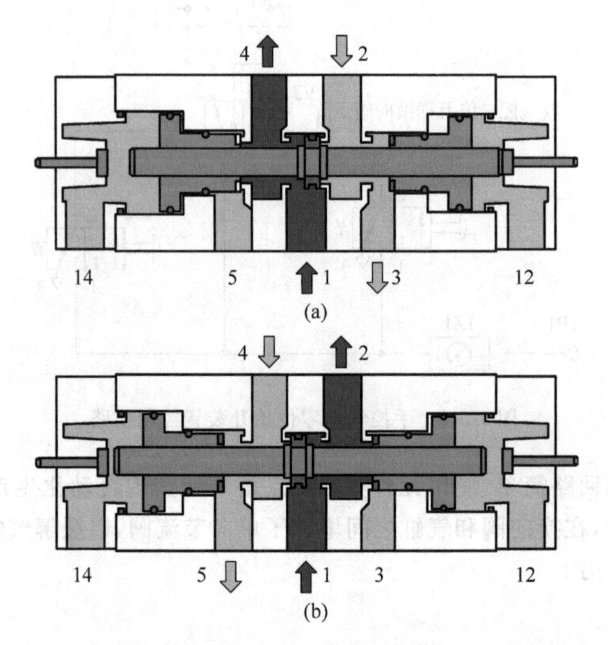

图 1-6-4 双气控二位五通换向阀结构及工作过程

(a) 结构；(b) 工作过程

2. 气路控制原理

控制回路如图 1-6-2 所示，气源通过气动二联件的过滤和减压送到手动换向阀(1S1、1S2)输入口 1 而被关闭；送到双气控换向阀(1V3)的 1 口进 2 口出，经过单向节流阀(1V2)送到双作用气缸(1A1)的有杆腔进气口，气缸活塞杆被压回，处于回缩状态。

当按下 1S1 按钮时，压缩空气通过 1S1 到 1V3 的控制口 14 使得 1V3 换向。压缩空气经 1V3 的 1 口进 4 口出，再经 1V1 节流到 1A1 无杆腔进气口进气。同时，1A1 有杆腔进气口经 1V2、1V3 的 2 口、3 口与大气相通，使气缸活塞杆开始缓慢伸出，零件被抬升，如图 1-6-5 所示。释放 1S1 按钮，压缩空气在控制口被关闭，1V3 的控制口 14 与大气相

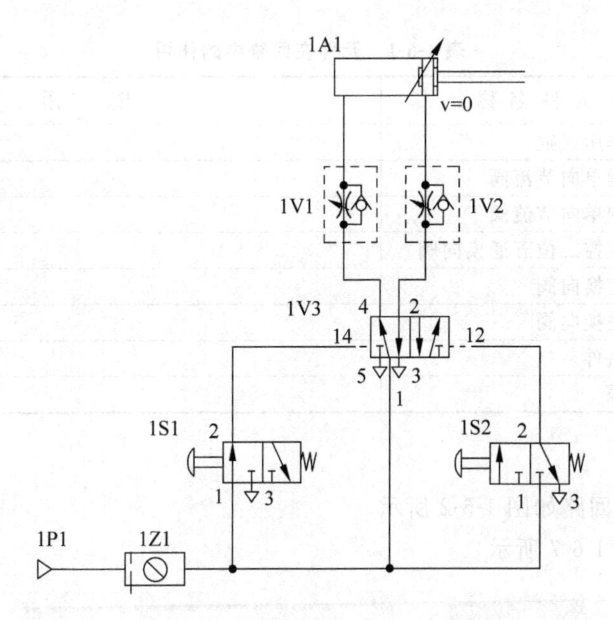

图 1-6-5 手控零件抬升动作回路

通，控制信号消失，但换向阀保持不变，气缸活塞杆依然伸出，动作示意如图 1-6-6(a)所示。

当按下 1S2 按钮时，压缩空气通过 1S2 到 1V3 的控制口 12 使得 1V3 换向，压缩空气经 1V3 的 1 口进 2 口出，再经 1V2 节流到 1A1 有杆腔进气口进气。同时，1A1 无杆腔进气口经 1V1、1V3 的 4 口、5 口与大气相通，使气缸活塞杆开始缓慢缩回，零件被放下或是工作台回位。释放 1S2 按钮，压缩空气在控制口被关闭，1V3 的控制口 12 与大气相通，控制信号消失，但换向阀保持不变，气缸活塞杆继续缩回，结束一次抬放过程，动作示意图如图 1-6-6(b)所示。

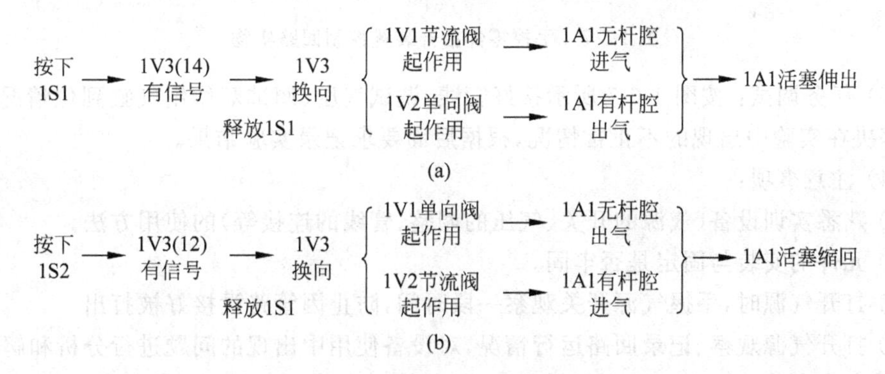

图 1-6-6 系统动作示意图

(a) 按下 1S1；(b) 按下 1S2

3. 回路搭建训练

1) 元件选择

根据任务要求选择元件，检查元件是否完好，并在表 1-6-1 中填写元件在回路中的作用。

表 1-6-1 元件在回路中的作用

序号	符号	元 件 名 称	作 用
1	1A1	双作用气缸	
2	1V1	可调单向节流阀	
3	1V2	可调单向节流阀	
4	1V3	双气控二位五通换向阀	
5	1S1	手控换向阀	
6	1S2	手控换向阀	
7	1Z1	二联件	
8	1P1	气源	

2）任务实施

（1）气动控制回路如图 1-6-2 所示。

（2）实物如图 1-6-7 所示。

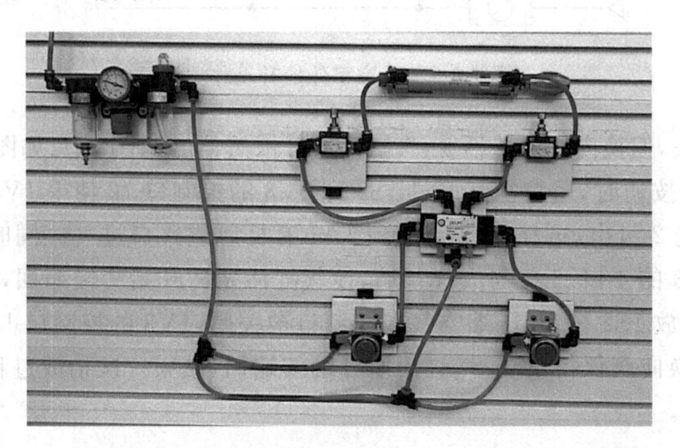

图 1-6-7 手控零件抬升装置控制回路实物

（3）任务调试：按图 1-6-7 所示接好管线，调试气压、调试双作用气缸到位情况等，分析和解决在实验中出现的不正常情况，根据后面要求记录实验结果。

（4）注意事项：

① 熟悉实训设备（气源的开关、气压的调整、管线的连接等）的使用方法。

② 元件的安装与固定是否牢固。

③ 打开气源时，手握气源开关观察一段时间，防止因管路没接好被打出。

④ 打开气源观察、记录回路运行情况，对设备使用中出现的问题进行分析和解决。

⑤ 完成实验后关闭气源，拆下管线和元件并放回原位，对破损、老化管线应及时处理。

3）实验分析与收获

（1）零件抬升装置的执行元件是________，主控元件是________，它有________个气口，分别是____________________，它的换向方式是________（电控、气控、机控、手控、弹簧）；可调单向节流阀有________个气口，旋钮的作用是____________________。

（2）根据实验现象填写表 1-6-2 所列的进气、出气以及气缸活塞杆的伸出或缩回动作情况。

表 1-6-2　进气、出气以及气缸活塞杆的伸出或缩回动作情况

动　作	1V3(左移、右移)	1V1	1V2	1A1 左气口	1A1 右气口	1A1 气缸
按下 1S1 按钮						
按下 1S2 按钮						

4. 知识链接

1）气动计数器

气动计数器是通过检测对气动信号的开关，进行计数且按减 1 方式记录气动信号，如果预置值达到零，则该计数器就有气信号输出，气动计数器实物及图形符号如图 1-6-8 所示。

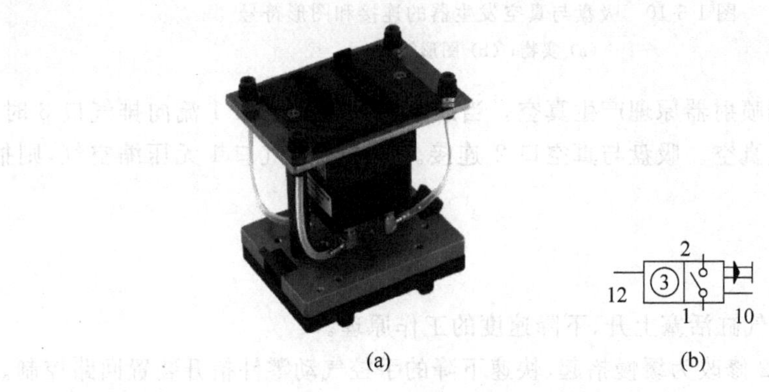

图 1-6-8　气动计数器实物和图形符号

(a) 实物；(b) 图形符号

气动信号从控制口 12 输入，每开、关一次计数器减一。当计数器减至零时，气口 1、2 相通，输出气动信号。直至通过手动或控制口 10 将计数器复位，计数器重新开始。

2）吸盘

吸盘可以更可靠地抓住零件，让其跟随气缸进行移动。它是在吸盘的中心有一抽真空的孔，图 1-6-9 所示为吸盘实物和图形符号。

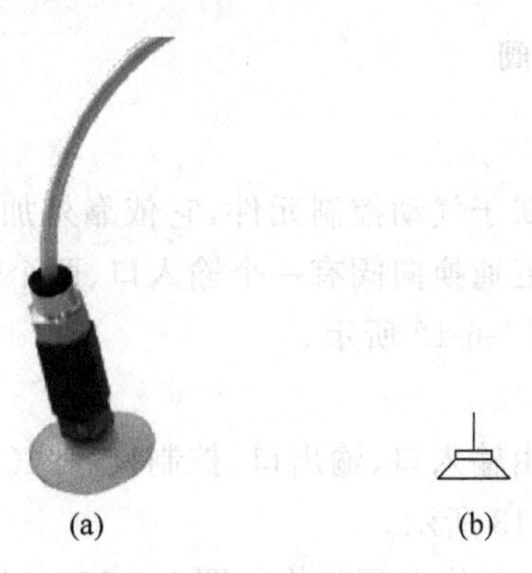

图 1-6-9　吸盘实物和图形符号

(a) 实物；(b) 图形符号

3）真空发生器

吸盘必须配有真空发生器才能工作，吸盘与真空发生器的连接如图 1-6-10 所示。

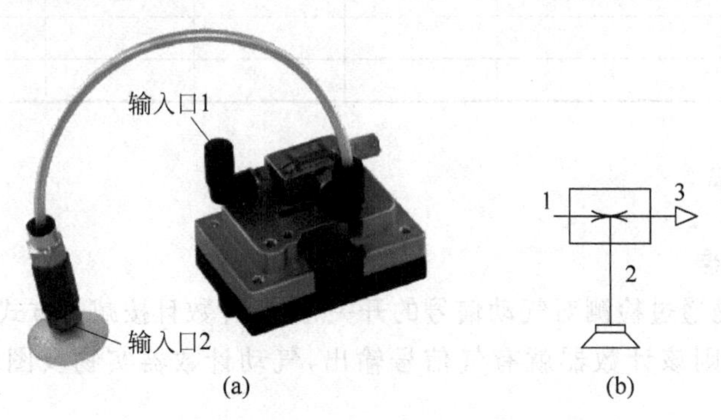

图 1-6-10 吸盘与真空发生器的连接和图形符号

(a) 实物；(b) 图形符号

真空发生器根据喷射器原理产生真空。当压缩空气从进气口 1 流向排气口 3 时，在真空口 2 上就会产生真空。吸盘与真空口 2 连接。如果在进气口 1 无压缩空气，则抽空过程就会停止。

5. 思考与练习

（1）请说出调节气缸活塞上升、下降速度的工作原理。

（2）试将图 1-6-2 修改为缓慢抬起、快速下降的手控气动零件抬升装置回路控制。

（3）设计具有计数功能的气动零件抬升装置回路控制。

任务 6.2 手控气动多位置抬升装置控制

在产品加工过程中，有时需要将零件抬升到多位置进行加工或喷涂。那么二位换向阀就不能满足需求了，就必须用三位换向阀和行程开关配合使用，如图 1-6-11 所示。

1. 双气控三位五通换向阀

1）实物及图形符号

双气控三位五通换向阀属于气动控制元件，它依靠外加气体的压力和弹簧力实现三个位置的换向。双气控三位五通换向阀有一个输入口、两个输出口、两个控制口和两个呼气口，其实物与图形符号如图 1-6-12 所示。

2）结构及工作过程

双气控三位五通换向阀由输入口、输出口、控制口、呼气口、阀体、阀芯、弹簧和密封圈等组成，其结构示意如图 1-6-13 所示。

工作过程：双气控三位五通换向阀结构如图 1-6-13(a)所示，压缩空气从 1 口进入且被关闭。阀芯在复位弹簧的作用下处在中间位置，各气口均不相通。

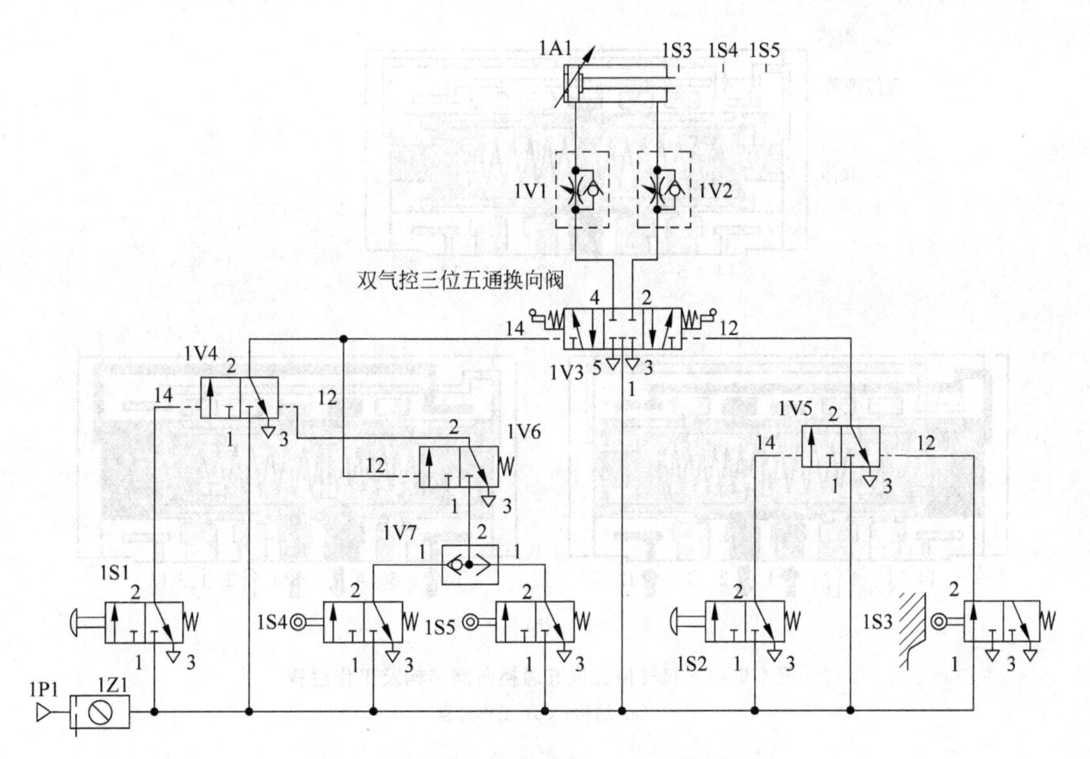

图 1-6-11 手控气动多位置抬升装置控制回路

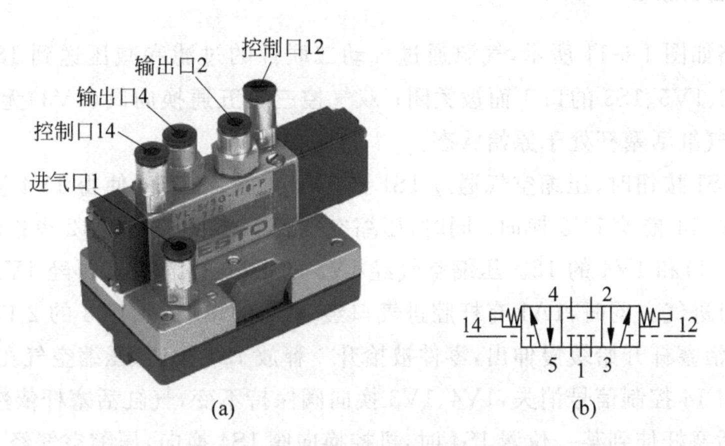

(a) (b)

图 1-6-12 双气控三位五通换向阀实物及图形符号

(a) 实物；(b) 图形符号

当控制口 12 有信号时，压缩空气推动阀芯左移，使得 1 口与 2 口接通，压缩空气就从 1 口进入 2 口输出，如图 1-6-13(b)所示；当控制口 12 信号消失，阀芯在复位弹簧的作用下回到中间位置，各气口均被关闭。

同样，当控制口 14 有信号时，压缩空气推动阀芯右移，使得 1 口与 4 口接通，压缩空气就从 1 口进入 4 口输出，如图 1-6-13(b)所示；当控制口 14 信号消失，阀芯在复位弹簧的作用下回到中间位置，各气口均被关闭。

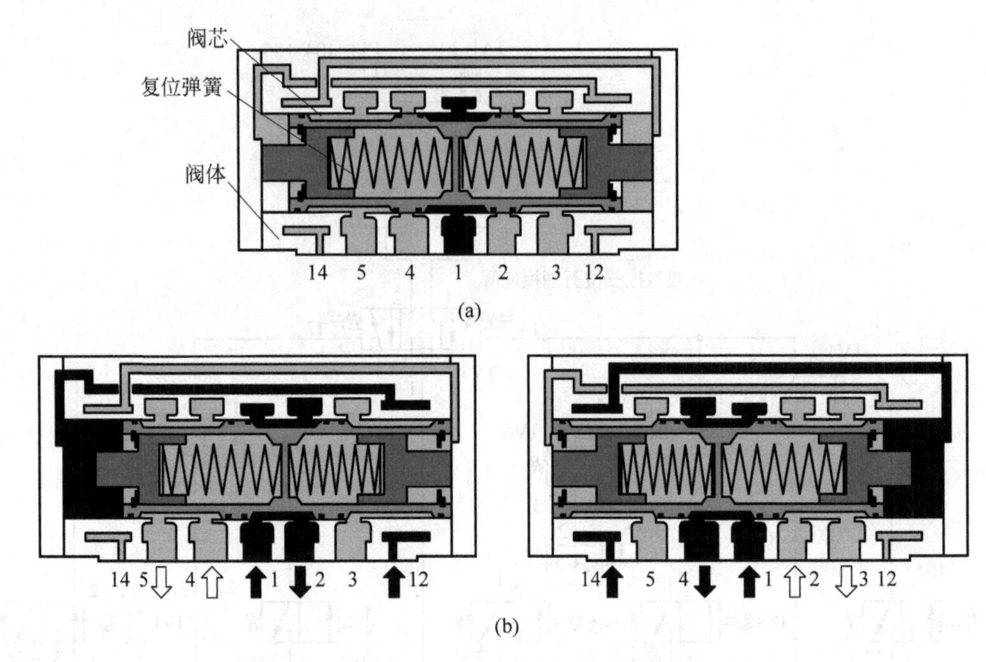

图 1-6-13　双气控三位五通换向阀结构及工作过程

(a) 结构；(b) 工作过程

2. 气路控制原理

控制回路如图 1-6-11 所示，气源通过气动二联件的过滤和减压送到 1S1、1V4、1S4、1S5、1V3、1S2、1V5、1S3 的口 1 而被关闭；双气控三位五通换向阀(1V3)无信号输入，各个气口关闭，气缸活塞杆处于原始状态。

当按下 1S1 按钮时，压缩空气通过 1S1 到 1V4 的控制口 14 使得 1V4 换向输出信号到 1V3 控制口 14 推动 1V3 换向；同时，压缩空气到 1V6 的控制口 12 也推动 1V6 换向，接通 1V7 的 2 口和 1V4 的 12。压缩空气经 1V3 的 1 口进 4 口出，再经 1V1 节流到 1A1 无杆腔进气口进气。同时，1A1 有杆腔进气口经 1V2 的单向阀、1V3 的 2 口、3 口与大气相通，使气缸活塞杆开始缓慢伸出，零件被抬升。释放 1S1 按钮，压缩空气在 1S1 被关闭，1V3 的控制口 14 控制信号消失，1V4、1V3 换向阀保持不变，气缸活塞杆依然伸出。

当气缸活塞杆伸到某一位置 1S4 时，机控换向阀 1S4 换向，压缩空气经 1S4 的 1 口、2 口到 1V7 的 2 口输出信号，因原来 1V7 的 2 口和 1V4 的 12 口相通，所以推动 1V4 换向到右位；关闭 1V4 输出，1V6 的 12 口的控制信号消失，在复位弹簧的作用下换向，关闭 1V4 的控制口，为下一次启动做准备。1V3 也在复位弹簧的作用下回到中间位置，保持气缸活塞杆位置不变，将零件抬升到某一位置停留进行加工。

当再一次按下 1S1 按钮时，压缩空气同样经 1S1 的 1 口、2 口到 1V4 控制口 14，使得 1V4 左移换向；同时，压缩空气再次到 1V6 的控制口 12 推动 1V6 换向，接通 1V7 的 2 口和 1V4 的 12 口；1V4 输出信号到 1V3 控制口 14 来推动 1V3 左移换向，气缸活塞杆继续伸出。

当气缸活塞杆到顶时，机控换向阀 1S5 换向，压缩空气经 1S5 的 1 口、2 口到 1V7 的

2 口再到 1V6 的 2 口输出信号，到 1V4 的 12 口，使得 1V4 右移换向，关闭 1V4 的 1 口。同时，在 1V3 的 14 口的高压空气经 1V4 的 2 口、3 口，再经二位三通单气孔换向阀 1V6、1S4 的口 2、3 口与大气相接——释放高压空气。1V6 的 12 口无信号后回位，1V4 的 12 口也同时失去信号。

当按下 1S2 按钮时，压缩空气通过 1S2 到 1V5 的控制口 12，使得 1V3 换向，压缩空气经 1V3 的 1 口、2 口到 1V3 的 12 口推动 1V3 换向，压缩空气经 1V3 的 1 口进 2 口出，再经 1V2 节流到 1A1 有杆腔进气口进气。同时，1A1 无杆腔进气口经 1V1 的单向阀、1V3 的 4 口、5 口与大气相通，使气缸活塞杆开始缓慢缩回，平台下降。释放 1S2 按钮，1V5、1V3 换向阀不变，气缸活塞杆依然缩回。

气缸活塞杆在缩回过程中，当到达 1S4 位置时，1S4 换向，但 1V6 的 1 口关闭，无信号输出，所以 1V4 不变。当回到起始位置时，1S3 换向，压缩空气经 1S3 的 1 口、2 口到 1V5 的 12 口推动 1V5 换向，1V3 的 12 口信号消失，1V3 在复位弹簧的作用下，回到中间位置，使得气缸活塞杆保持不变，平台停止不动。

图 1-6-14 所示为手控气动多位置抬升动作时序状态图，它反映了各时段各元件的动作过程。

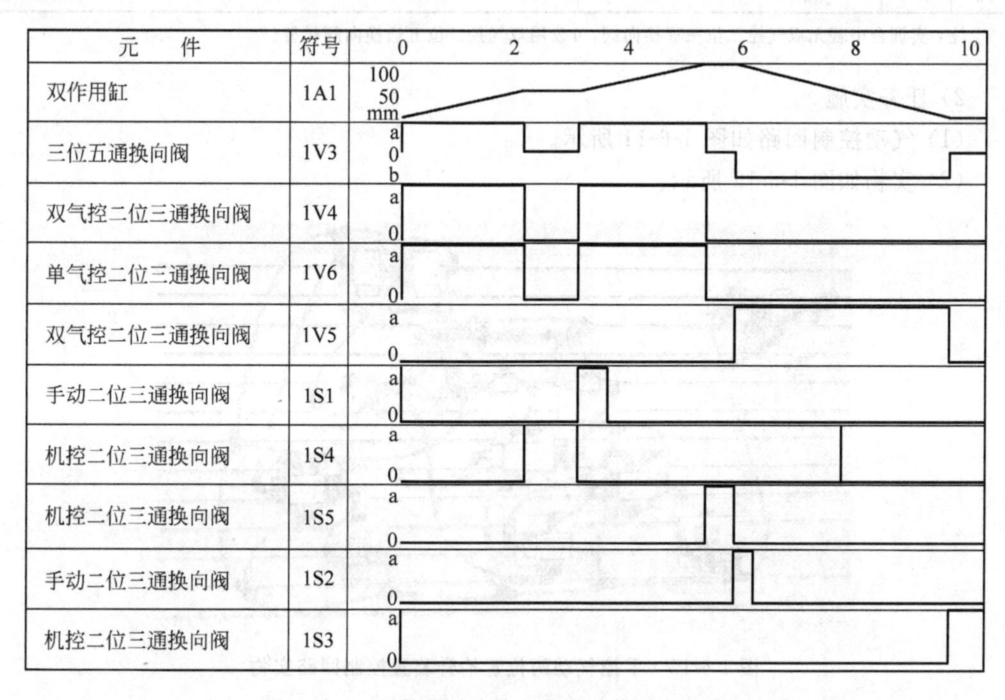

图 1-6-14　手控气动多位置抬升动作时序状态图

3. 回路搭建训练

1）元件选择

根据任务要求选择元件，检查元件是否完好，并在表 1-6-3 中填写元件在回路中的作用。

表 1-6-3 元件在回路中的作用

序号	符号	元件名称	作 用
1	1A1	双作用气缸	
2	1V1	可调单向节流阀	
3	1V2	可调单向节流阀	
4	1V3	双气控三位五通换向阀	
5	1V4	双气控二位三通换向阀	
6	1V5	双气控二位三通换向阀	
7	1V6	单向阀	
8	1V7	或门型梭阀	
9	1S1	手控换向阀	
10	1S2	手控换向阀	
11	1S3	机控换向阀	
12	1S4	机控换向阀	
13	1S5	机控换向阀	
14	1Z1	二联件	
15	1P1	气源	

注：实训台中若无双气控二位三通换向阀，可改用双气控二位五通换向阀代替。

2）任务实施

（1）气动控制回路如图 1-6-11 所示。

（2）实物如图 1-6-15 所示。

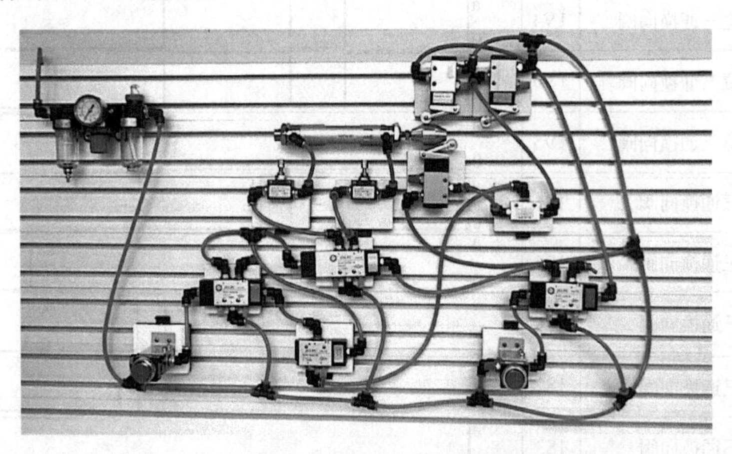

图 1-6-15 手控气动两位置抬升装置控制回路实物

（3）任务调试：按图 1-6-15 所示接好管线，调试气压、调试双作用气缸和位置控制换向阀到位情况等，分析和解决在实验中出现的不正常情况，根据后面要求记录实验结果。

（4）注意事项：

① 熟悉实训设备（气源的开关、气压的调整、管线的连接等）的使用方法。

② 元件的安装与固定是否牢固。

③ 打开气源时，手握气源开关观察一段时间，防止因管路没接好被打出。

④ 打开气源观察、记录回路运行情况，对设备使用中出现的问题进行分析和解决。

⑤ 完成实验后关闭气源，拆下管线和元件并放回原位，对破损、老化管线应及时处理。

3）实验分析与收获

（1）气动抬升的执行元件是________，主控元件是________，双气控三位五通换向阀有________个位置________个气口，当________气口有信号换向阀工作于左侧，且有________气口和________气口相通；当________气口有信号换向阀工作于右侧，且有________气口和________气口相通；在________下，双气控三位五通换向阀工作于中间位置。

（2）根据如图 1-6-14 所提供的时序状态图画出气缸的各种工作状态，并写出各元件的工作状态并填入表 1-6-4 中。

表 1-6-4 各元件的工作状态

1A1	1V3	1V4	1V5	1S1	1S2	1S3	1S4	1S5
气缸伸出								
第一位置停止								
气缸继续伸出								
第二位置停止								
气缸缩回								
回到起始位置								

（3）在实训中是否存在中间位置不稳定现象？你是如何调节的？为什么会出现不稳定现象？

4. 知识链接

1）多位气缸

多位气缸顾名思义就是有多个位置的气缸，位置的确定是由气缸本身决定的，而不是靠三位五通换向阀来控制。图 1-6-16 所示为实物和图形符号。

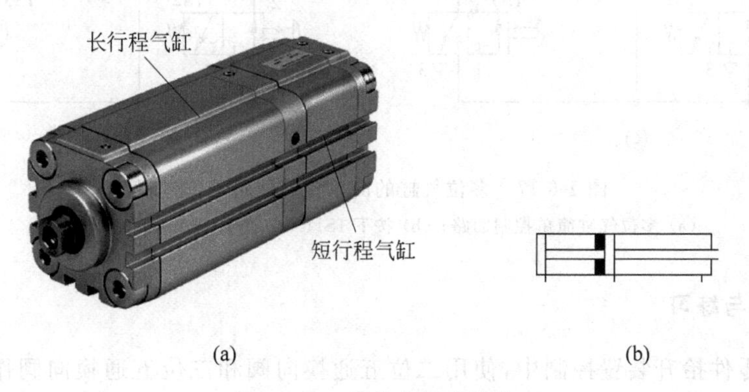

图 1-6-16 实物和图形符号

（a）实物；（b）图形符号

通过将缸径相同但行程不同的两个气缸连接起来，可以使组合后的气缸具有 3 个停止位置。以第一个停止位置为基准，多位气缸可以直接或通过中间停止位置到达第三个停止位置。

注意：启动气缸行程必须大于先动气缸行程，后动气缸行程通常为先动气缸行程的 2 倍。当多位气缸回缩时，中间停止位置需采用特殊控制。

2）多位气缸的简单控制

图 1-6-17(a)所示为多位气缸的最简单控制回路。当按下 1S1 按钮时，无论 1S1 释放与否，压缩空气推动短行程气缸伸出，如图 1-6-17(b)所示。再按下 1S2 按钮时，长行程气缸也伸出，如图 1-6-17(c)所示。当按下 1S3 按钮时，长、短气缸缩回，但当有气缸进气口被关闭时不缩回，如图 1-6-17(d)所示。

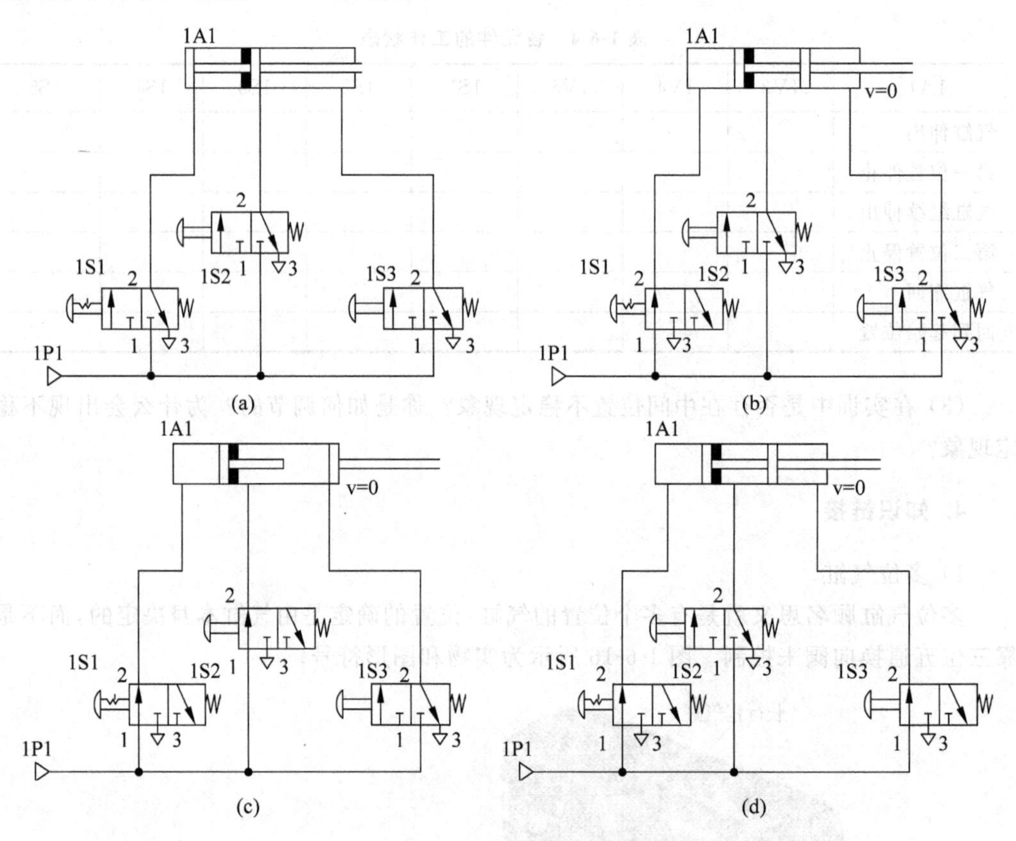

图 1-6-17　多位气缸的简单控制回路动作过程

(a) 多位气缸简单控制回路；(b) 按下 1S1；(c) 按下 1S2；(d) 按下 1S3

5. 思考与练习

(1) 在零件抬升装置控制中，使用二位五通换向阀和三位五通换向阀作为主控阀有何不同？

(2) 请根据控制回路图 1-6-11 所示的控制原理画出系统工作的 6 个状态动作示意图。

（3）与图 1-6-11 所示的控制回路相比，使用多位气缸来实现多位置抬升的不同之处。

（4）设计出使用双气控二位五通换向阀替代二位三通换向阀的气动回路图。

任务 6.3 自动电控多位置抬升装置控制

在自动化生产系统中，也经常出现自动抬升、下降加工零件已达到自动化生产的目的。要实现气动系统的自动化，较多地使用电磁阀控制，这样可以使得系统简洁明了，如图 1-6-18 所示。

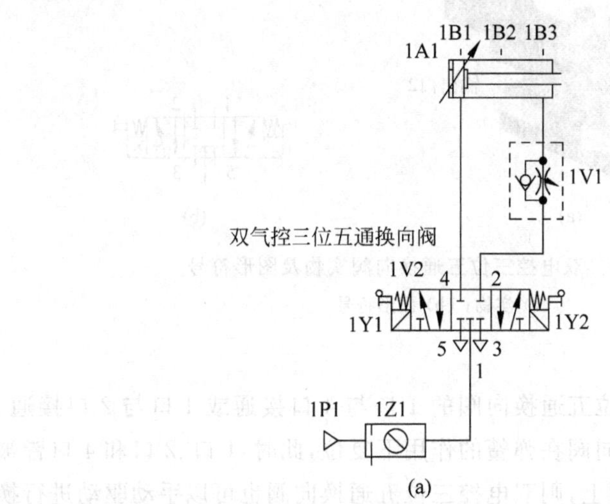

(a)

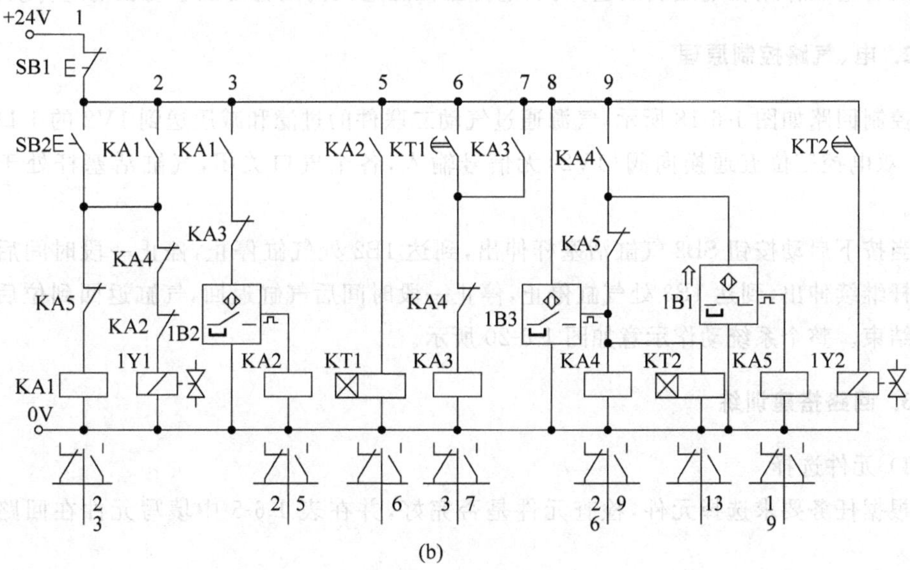

(b)

图 1-6-18 自动电控多位置抬升装置控制回路

(a) 气动回路；(b) 电控回路

1. 元件介绍

1）实物及图形符号

双电控三位五通换向阀属于气动控制元件，它依靠电磁力和弹簧力实现三个位置的转换方向。双电控三位五通换向阀有一个输入口、两个输出口、两个电磁阀线圈和两个呼气口，其实物与图形符号如图 1-6-19 所示。

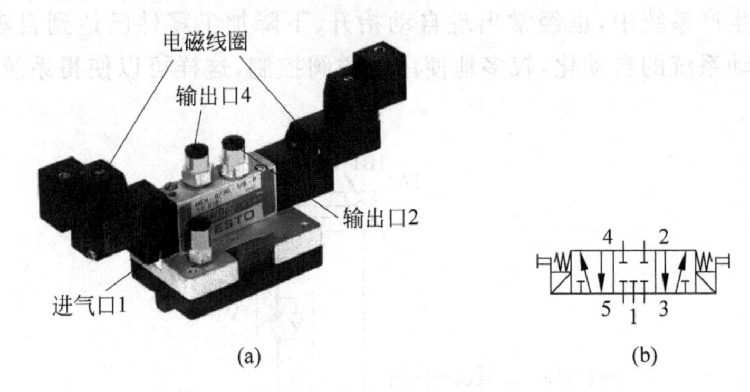

图 1-6-19　双电控三位五通换向阀实物及图形符号

(a) 实物；(b) 图形符号

2）工作过程

电磁线圈得电，双电控三位五通换向阀的 1 口与 4 口接通或 1 口与 2 口接通。电磁线圈失电，双电控三位五通换向阀在弹簧的作用下复位，此时，1 口、2 口和 4 口皆被关闭。如果没有电压作用在电磁线圈上，则双电控三位五通换向阀也可以手动驱动进行换向。

2. 电、气路控制原理

控制回路如图 1-6-18 所示，气源通过气动二联件的过滤和减压送到 1V2 的 1 口而被关闭，双电控三位五通换向阀（1V2）无信号输入，各个气口关闭，气缸活塞杆处于原始状态。

当按下启动按钮 SB2 气缸活塞杆伸出，到达 1B2 处气缸停止，停止一段时间后气缸活塞杆继续伸出，到达 1B3 处气缸停止，停止一段时间后气缸返回，气缸返回到位后系统动作结束。整个系统动作示意如图 1-6-20 所示。

3. 回路搭建训练

1）元件选择

根据任务要求选择元件，检查元件是否完好，并在表 1-6-5 中填写元件在回路中的作用。

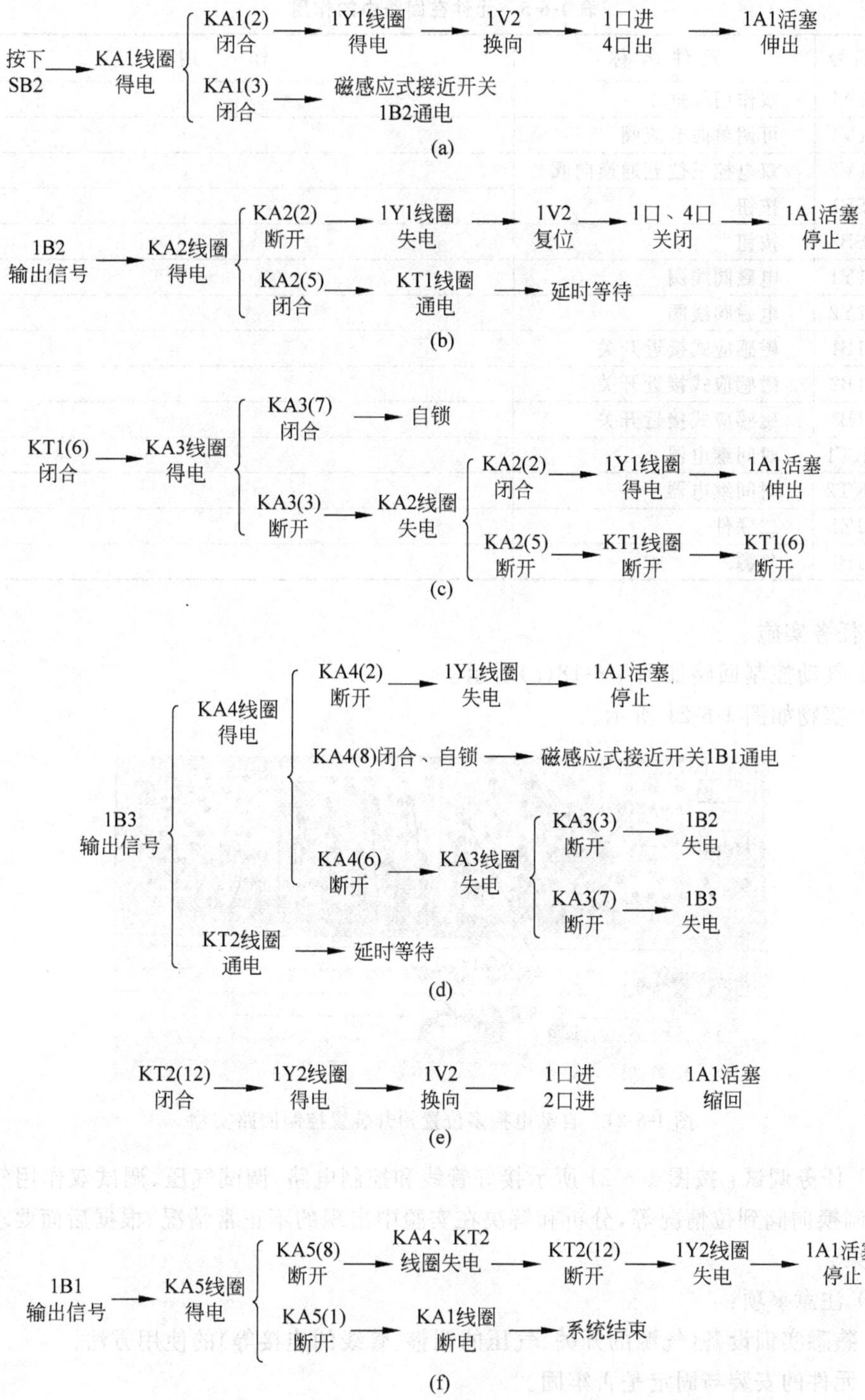

按下SB2 → KA1线圈得电 →
- KA1(2)闭合 → 1Y1线圈得电 → 1V2换向 → 1口进4口出 → 1A1活塞伸出
- KA1(3)闭合 → 磁感应式接近开关1B2通电

(a)

1B2输出信号 → KA2线圈得电 →
- KA2(2)断开 → 1Y1线圈失电 → 1V2复位 → 1口、4口关闭 → 1A1活塞停止
- KA2(5)闭合 → KT1线圈通电 → 延时等待

(b)

KT1(6)闭合 → KA3线圈得电 →
- KA3(7)闭合 → 自锁
- KA3(3)断开 → KA2线圈失电 →
  - KA2(2)闭合 → 1Y1线圈得电 → 1A1活塞伸出
  - KA2(5)断开 → KT1线圈断开 → KT1(6)断开

(c)

1B3输出信号 →
- KA4线圈得电 →
  - KA4(2)断开 → 1Y1线圈失电 → 1A1活塞停止
  - KA4(8)闭合、自锁 → 磁感应式接近开关1B1通电
  - KA4(6)断开 → KA3线圈失电 →
    - KA3(3)断开 → 1B2失电
    - KA3(7)断开 → 1B3失电
- KT2线圈通电 → 延时等待

(d)

KT2(12)闭合 → 1Y2线圈得电 → 1V2换向 → 1口进2口进 → 1A1活塞缩回

(e)

1B1输出信号 → KA5线圈得电 →
- KA5(8)断开 → KA4、KT2线圈失电 → KT2(12)断开 → 1Y2线圈失电 → 1A1活塞停止
- KA5(1)断开 → KA1线圈断电 → 系统结束

(f)

图 1-6-20 系统动作示意图

(a) 系统启动；(b) 气缸到达 1B2 处；(c) KT1 时间到气缸继续输出；
(d) 气缸到达 1B3 处；(e) KT2 时间到；(f) 气缸到达 1B1 处系统结束

表 1-6-5 元件在回路中的作用

序号	符号	元件名称	作用
1	1A1	双作用气缸	
2	1V1	可调单向节流阀	
3	1V2	双电控三位五通换向阀	
4	SB1	按钮	
5	SB2	按钮	
6	1Y1	电磁阀线圈	
7	1Y2	电磁阀线圈	
8	1B1	磁感应式接近开关	
9	1B2	磁感应式接近开关	
10	1B3	磁感应式接近开关	
11	KT1	时间继电器	
12	KT2	时间继电器	
13	1Z1	二联件	
14	1P1	气源	

2）任务实施

（1）气动控制回路如图 1-6-18(a)所示。

（2）实物如图 1-6-21 所示。

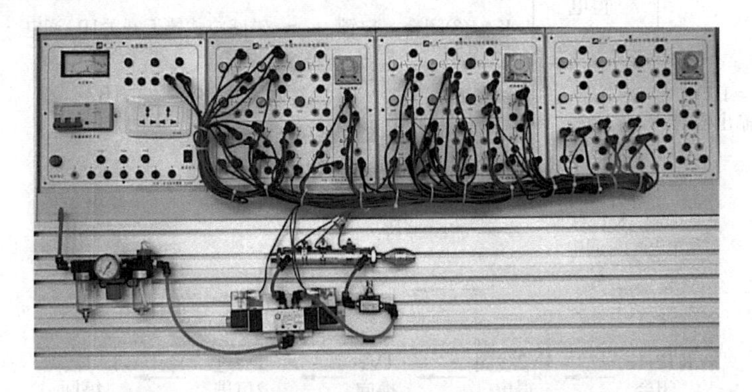

图 1-6-21 自动电控多位置抬升装置控制回路实物

（3）任务调试：按图 1-6-21 所示接好管线和控制电路，调试气压、调试双作用气缸和位置控制换向阀到位情况等，分析和解决在实验中出现的不正常情况，根据后面要求记录实验结果。

（4）注意事项：

① 熟悉实训设备（气源的开关、气压的调整、管线的连接等）的使用方法。

② 元件的安装与固定是否牢固。

③ 打开气源时，手握气源开关观察一段时间，防止因管路没接好被打出。

④ 打开气源观察，记录回路运行情况，对设备使用中出现的问题进行分析和解决。

⑤ 完成实验后关闭气源，拆下管线和元件并放回原位，对破损、老化管线应及时处理。

3）实验分析与收获

(1) 气动抬升的执行元件是________，主控元件是________，双电控三位五通换向阀有________个位置________个气口，当电磁阀得电时________口与________口接通或者________口与________口接通。其余气口与________相通。

(2) 根据图 1-6-22 所示的时序状态图区分出气缸的各种工作状态，并算出各状态工作时间，填入表 1-6-6 中。

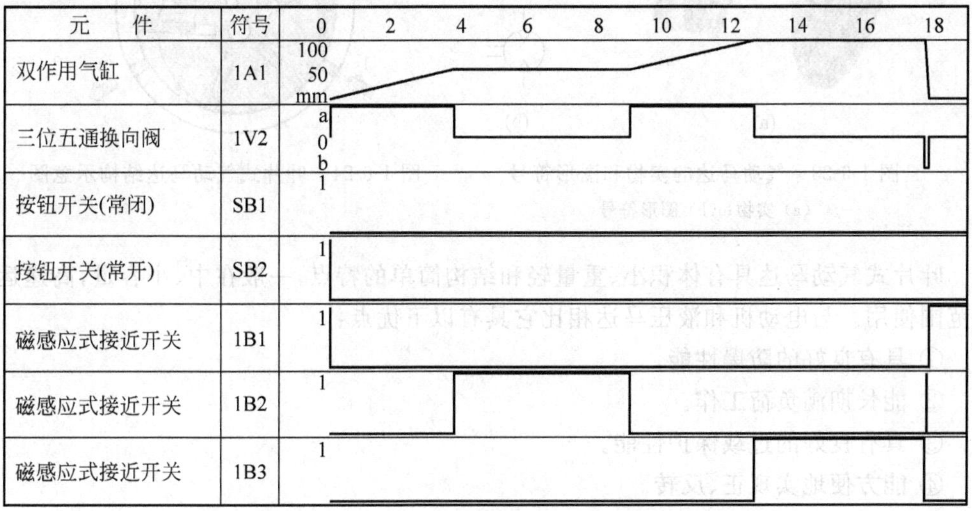

元　件	符号	0　2　4　6　8　10　12　14　16　18
双作用气缸	1A1	100 50 mm
三位五通换向阀	1V2	a 0 b
按钮开关(常闭)	SB1	1
按钮开关(常开)	SB2	1
磁感应式接近开关	1B1	1
磁感应式接近开关	1B2	1
磁感应式接近开关	1B3	1

图 1-6-22　系统动作时序图

表 1-6-6　气缸各种工作状态的工作时间

	气缸伸出	1B2 处停止	气缸继续伸出	1B3 处停止	气缸缩回	回到起始位置
时间						

4. 知识链接

1）气动马达

气动马达是一种做连续旋转运动的气动执行元件，其可将气体压力能转变为机械能。气动马达可分为活塞式气动马达、叶片式气动马达、齿轮式气动马达和涡轮式气动马达 4 种。下面以叶片式气动马达为例介绍其实物、图形符号(图 1-6-23)和工作原理。

2）气动马达的结构和工作原理

叶片式气动马达结构示意图如图 1-6-24 所示，其主要由定子、转子、叶片和壳体组成。在定子上有进气、排气用的配气槽孔，转子与定子为偏心安装。

工作原理：压缩空气从输入口 1 进入，作用在工作腔两侧的叶片上，由于转子是偏心安装，气压作用在两侧叶片上产生转矩，此时转子按顺时针方向旋转。当偏心转子转动时，工作腔容积发生变化，在相邻工作腔间产生压差，利用该压差推动转子转动。气体从 2 口、3 口排出。若要改变气动马达的旋转速度，只需改变压缩空气的压力；若要改变气动马达的旋转方向，只需将压缩空气从 3 口输入就能达到改变旋转方向的目的。

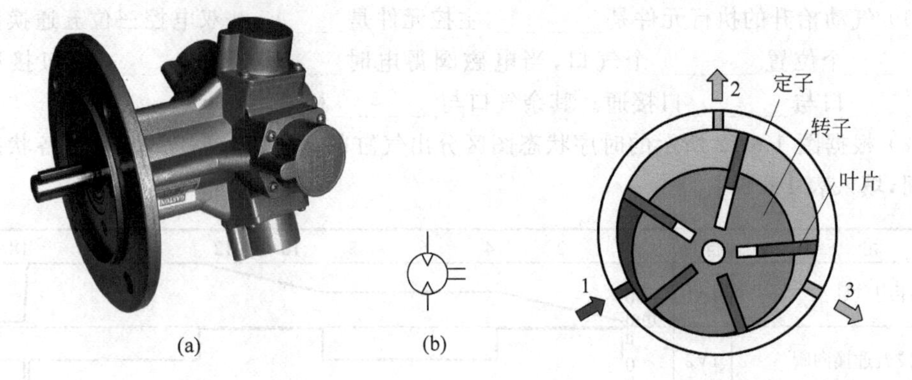

图 1-6-23　气动马达的实物和图形符号

(a) 实物；(b) 图形符号

图 1-6-24　叶片式气动马达结构示意图

叶片式气动马达具有体积小、重量轻和结构简单的特点，一般在中、小容量，高速运动的范围使用。与电动机和液压马达相比它具有以下优点：

① 具有良好的防爆性能。

② 能长期满负荷工作。

③ 具有良好的过载保护性能。

④ 能方便地实现正、反转。

⑤ 有较宽的功率范围和调速范围。

⑥ 操控方便，维修简单。

5. 思考与练习

(1) 请叙述图 1-6-18 所示控制回路的控制原理。

(2) 请根据实训记载情况，画出系统执行时序状态图。

(3) 分析在 1B2 处会出现不稳定的现象，改用图 1-6-25 所示的双电控三位五通换向阀是否能避免？为什么？

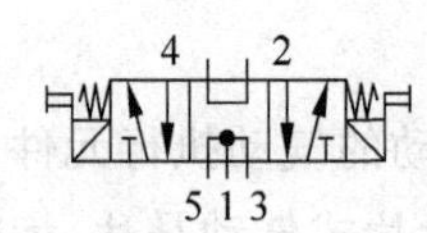

图 1-6-25　双电控三位五通换向阀图形符号

课题 7

碎料压实机

学习目标

(1) 了解减压阀的结构和原理。

(2) 掌握减压阀的图形符号和应用。

(3) 能够识读碎料压实机的回路图。

技能目标

(1) 能够正确使用气动的相关设备,如快速排气阀、直动型减压阀、双气孔二位五通换向阀等。

(2) 能够根据系统回路图正确安装气动控制回路且无漏气。

(3) 会分析碎料压实机回路图的动作过程。

(4) 能够独立完成设备的调试,并进行相关的故障排除。

碎料压实机是集路面破碎和压实两种功能于一体的一种工程机械,主要用于硬质路面的破碎和压实,以及铁路、公路、机场、水库、大坝、港口等基础压实,也可用于振动压路机压实后的补强压实和高填方路基的压实以及土石填料的压实,如图 1-7-1 所示。

图 1-7-1 碎料压实机实物

任务　碎料压实机气动系统装置控制

碎料压实机气动系统的工作原理如图 1-7-2 所示，该回路包含双作用气缸、冲击气缸、二位三通单气控换向阀、单气控和双气控二位五通换向阀、单向节流阀、减压阀、气源等。碎料压实机驾驶室中的驾驶员通过一系列操作，实现碎料、压实路面等工作。动作情形为：冲击气缸 1A1 碎料→双作用气缸 1A2 压实路面→双作用气缸 1A2 回缩压实路面停止→冲击气缸 1A1 碎料停止。本课题主要讲解减压阀及其基本回路的工作原理。

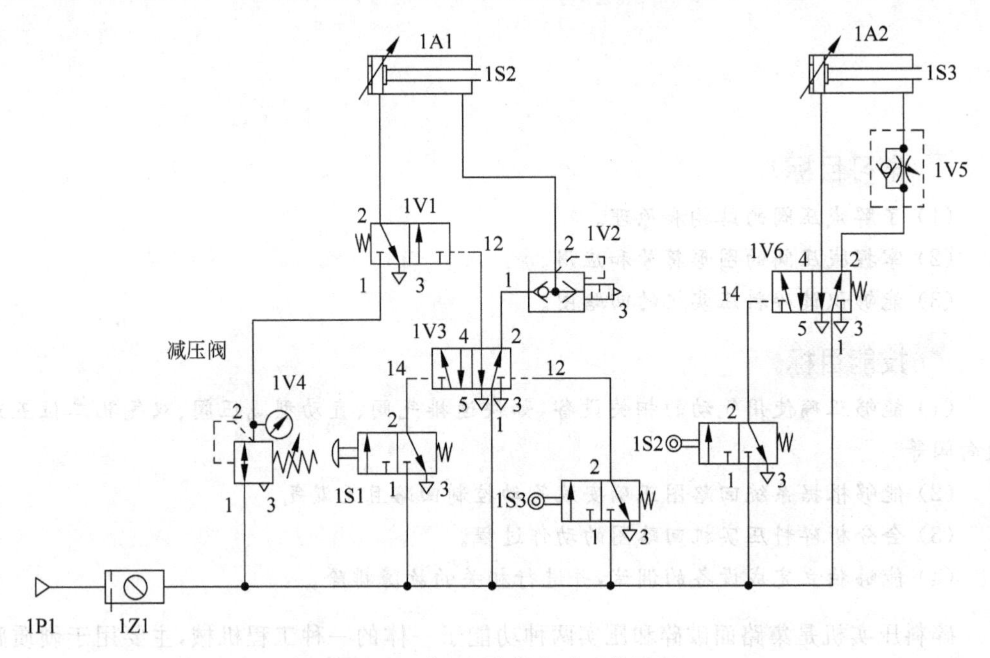

图 1-7-2　碎料压实机气动系统原理

1. 元件介绍

减压阀是利用缝隙产生压降的原理，使得减压阀的进口压力始终高于出口压力的一种阀元件。气动减压阀按压力调节方式，有直动型减压阀和先导型减压阀两种，下面以直动型减压阀为例进行介绍。

1）实物及图形符号

直动型减压阀实物及图形符号如图 1-7-3 所示。

2）结构及工作过程

直动型减压阀的结构及工作过程如图 1-7-4 所示。

工作过程：开始受到进气压力和复位弹簧的共同作用，阀口被关闭。当顺时针旋转调压手柄时，调压弹簧被压缩，推动膜片使阀芯上移，打开进气阀口，压缩空气经阀芯后，再从输出口 2 流出。压缩空气通过进气阀口时，受到一定的节流作用，使得输出压力低于

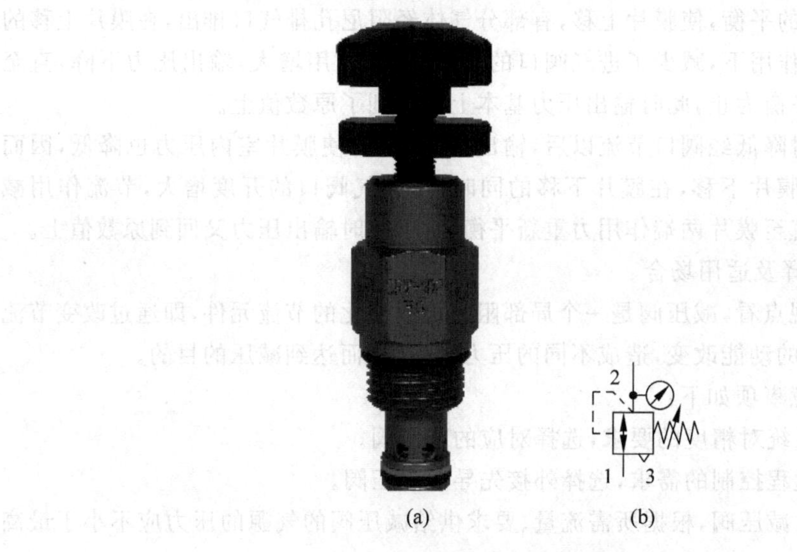

图 1-7-3　直动型减压阀实物及图形符号

（a）实物；（b）图形符号

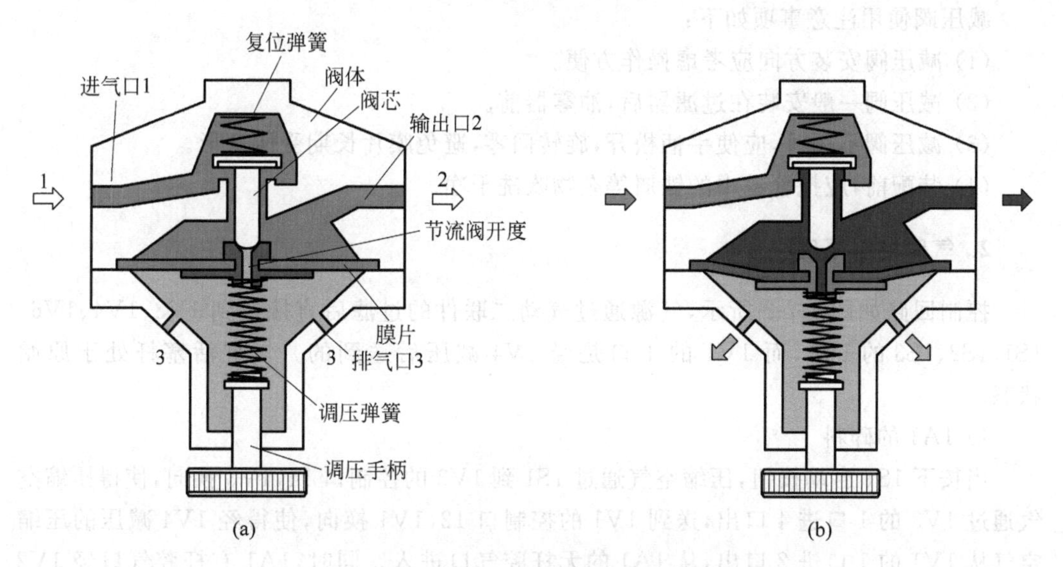

图 1-7-4　直动型减压阀结构及工作过程

（a）结构；（b）工作过程

进口压力，以实现减压作用，如图 1-7-4(a)所示。有一部分气流流经阻尼孔进入膜片下方，在膜片下部产生一个向上的推力，当与复位弹簧的作用相平衡时，阀口的开度稳定在某一值上，减压阀就输出一定的气体，如图 1-7-4(b)所示。当旋转调压手柄时，调压弹簧推动膜片上、下移动，使阀芯也跟随上、下移动，以此调节进气阀口的大小，从而达到调节输出口压力的目的。当输出口的空气受阻压力增大时，膜片下移，在复位弹簧的作用下阀芯下移，进气口被堵，无空气进入。

若输入压力瞬时升高，经阀口 1 节流以后，输出压力也随之升高，使膜片下的压力也升高，因而破坏原有的平衡，使膜片上移，有部分气体经阻尼孔排气口排出，在膜片上移的同时，在复位弹簧的作用下，减少了进气阀口的开度，节流作用增大，输出压力下降，直至膜片两端压力重新平衡为止，此时输出压力基本上又回到了原数值上。

若输入压力瞬时降低经阀口节流以后，输出压力降低，使膜片室内压力也降低，因而破坏原有的平衡，使膜片下移，在膜片下移的同时，使进气阀口的开度增大，节流作用减少，输出压力增大，直至膜片两端作用力重新平衡为止，此时输出压力又回到原数值上。

3) 减压阀的选择及适用场合

从流体力学的观点看，减压阀是一个局部阻力可以变化的节流元件，即通过改变节流面积，使流速及流体的动能改变，造成不同的压力损失，从而达到减压的目的。

减压阀选择注意事项如下：

(1) 根据气动系统对精度的要求，选择对应的减压阀。

(2) 为了适应远程控制的需求，选择外接先导型减压阀。

(3) 不同类型的减压阀，根据所需流量、要求供给减压阀的气源的压力应不小于最高压力 0.1MPa。

(4) 选择合适的减压阀，并稍高于实际使用范围。

减压阀使用注意事项如下：

(1) 减压阀安装方向应考虑操作方便。

(2) 减压阀一般安装在过滤器后，油雾器前。

(3) 减压阀不用时，应使手柄松开，旋转回零，避免膜片长期受压变形。

(4) 装配前，应把管道中的铁屑等杂物吹洗干净。

2. 气路控制原理

控制回路如图 1-7-2 所示，气源通过气动二联件的过滤后直接送到 1V3、1V4、1V6、1S1、1S2、1S3 的 1 口，而 1V1 的 1 口是经 1V4 减压后送到的。气缸活塞杆处于原始状态。

1) 1A1 的碎料

当按下 1S1 启动按钮，压缩空气通过 1S1 到 1V3 的控制口 14，1V3 换向，使得压缩空气通过 1V3 的 1 口进 4 口出，送到 1V1 的控制口 12，1V1 换向，使得经 1V4 减压的压缩空气从 1V1 的 1 口进 2 口出，从 1A1 的无杆腔气口进入。同时，1A1 有杆腔气口经 1V2 的 2 口，快速排出气体，使气缸活塞杆快速伸出，产生冲击力，击碎路面。减压阀(1V4)用于调节冲击力大小(在实际应用中，为了提高冲击力可以在 1V4 和 1V1 之间装接一个储气罐，使活塞产生能产生高速运动，将气压能转换成动能形成巨大冲击力的输出)。

2) 1A2 的压实

当 1A1 碎料到位后，1S2 被压下，压缩空气通过 1S1 到 1V6 的控制口 14，使得 1V6 换向，压缩空气经 1V6 的 1 口进 4 口出，到 1A2 无杆腔气口进气。同时，1A2 有杆腔气口再经 1V5 节流送到 1V6 的 2 口、3 口与大气相通，使气缸活塞杆缓慢伸出，压实路面。

3) 1A2 的停止碎料和压实

1A2 压实到位后，1S3 被压下。压缩空气通过 1S3 到 1V3 的控制口 12，1V3 换向，使得压缩空气通过1V3的1口进2口出，再经1V2的1口、2口到1A1的有杆腔气口进气。同时，1V1复位，1A1无杆腔气口通过1V1与大气相通，使1A1气缸活塞杆缩回，停止碎料。

1A1缩回时，1S2复位，1V6的14口的信号消失，1V6也复位，压缩空气从1V6的1口进2口出，经1V5单向阀到1A2有杆腔气口进气。同时，1A2无杆腔气口经1V6的4口、5口与大气相通，使1A2气缸活塞杆缩回，停止压实。

注意：根据冲击路面及对碎料的破碎程度的要求，通过调节减压阀的旋钮可以实现。在前进压实的过程中，通过调节单向节流阀的开度大小，可实现压实的松紧程度。

3. 回路搭建训练

1）任务分析与元件选择

执行元件的选用：在碎料压实装置中，碎料气缸使用的是冲击气缸，实训中使用双作用气缸代替，压实气缸使用双作用气缸。

阀的选用：碎料过程中，冲击地面需减压阀降低本支路压力。在压实路面过程中，采用单向节流阀实现较慢的速度，使用碎料填实路面。在控制过程中所有换向阀常态位均采用常闭型。

气路搭建前还需要检查单作用气缸和手动换向阀活动是否灵活，气路是否畅通；检查管线有无破损、老化。

根据任务要求选择元件，检查元件是否完好，并在表1-7-1中填写元件在回路中的作用。

表1-7-1 元件在回路中的作用

序号	符号	元件名称	作用
1	1A1	双作用气缸	
2	1A2	双作用气缸	
3	1V1	单气控二位三通换向阀	
4	1V2	快速排气阀	
5	1V3	双气控二位五通换向阀	
6	1V4	减压阀	
7	1V5	可调单向节流阀	
8	1V6	单气控二位五通换向阀	
9	1S1	手控换向阀	
10	1S2	滚轮杠杆阀	
11	1S3	滚轮杠杆阀	
12	1Z1	二联件	
13	1P1	气源	

2）任务实施

（1）气动控制回路如图1-7-2所示。

(2) 实物如图 1-7-5 所示。

图 1-7-5 碎料压实控制回路实物

(3) 任务调试：按图 1-7-5 所示接好管线，调试气压、调试双作用气缸到位情况等，分析和解决在实验中出现的不正常情况，根据后面要求记录实验结果。

(4) 注意事项：

① 熟悉实训设备(气源的开关、气压的调整、管线的连接等)的使用方法。

② 元件的安装与固定是否牢固。

③ 打开气源时，手握气源开关观察一段时间，防止因管路没接好被打出。

④ 打开气源观察、记录回路运行情况，对设备使用中出现的问题进行分析和解决。

⑤ 完成实验后，关闭气源，拆下管线和元件并放回原位，对破损、老化管线应及时处理。

3) 实验分析与收获

(1) 压力控制阀是利用________________和弹簧力相平衡的原理进行工作的。

(2) 根据实验现象填写表 1-7-2 所示的换向阀动作情况。

表 1-7-2 换向阀动作情况

换向阀 动作	1V2	1V3	1V5	1S1
碎料				
压实				
压实停止				
碎料停止				

4. 知识链接

1) 冲压气缸

碎料压实机械，在碎料时，需要很大的冲击力，在本机械上需要采用冲击气缸，实物如

图 1-7-6 所示。冲击气缸与一般型气缸相比较，具有冲击力量大、冲击频率高、冲击力量调节范围大、耗气量小及适用范围较广等优点。

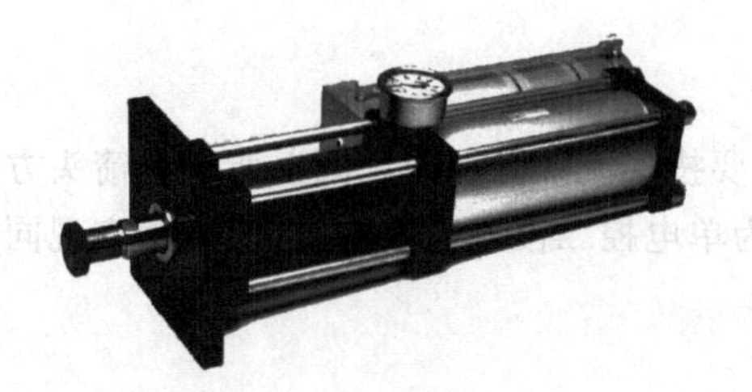

图 1-7-6 冲击气缸实物

2）先导型减压阀

先导型减压阀实物与图形符号如图 1-7-7 所示。

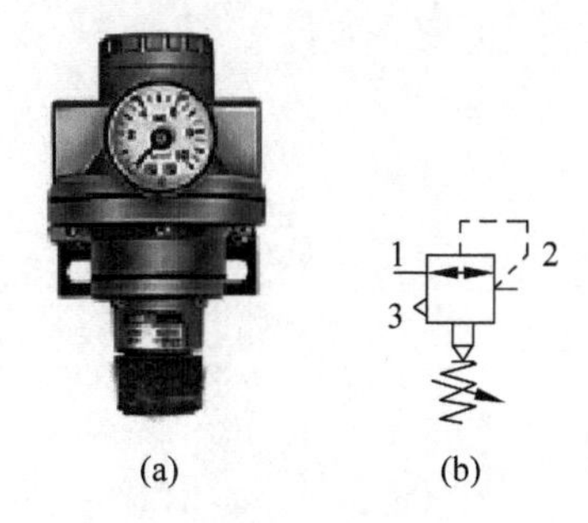

图 1-7-7 先导型减压阀实物及图形符号

（a）实物；（b）图形符号

当系统需要输出较高的压力时，膜片的尺寸需要增大，若仍用弹簧，对弹簧的刚度要求很大，随着输出流量的变化，输出波动会过大。这种场合应采用先导型减压阀。先导型减压阀的工作原理和结构形式与直动式减压阀基本相同。所不同的是，先导型减压阀采用受压气体代替弹簧，实现出口压力恒定。

先导型减压阀分为外部先导型和内部先导型两种，如图 1-7-8、图 1-7-9 所示，内部先导型减压阀是将直动型减压阀装在主阀内部控制输出气体压力。外部先导型减压阀主阀

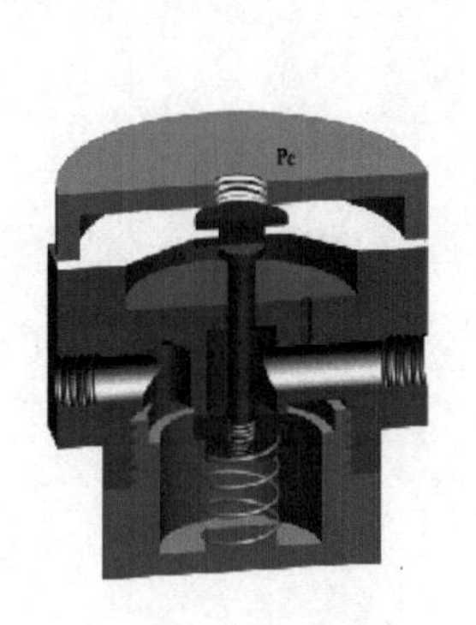

图 1-7-8 外部先导型减压阀

图 1-7-9 内部先导型减压阀

没有弹簧,靠安装在主阀外面的直动型减压阀供给压缩空气,产生作用在膜片上的力,实现出口压力恒定的目的。

5. 思考与练习

(1) 安装减压阀时,要按气流方向和减压阀上所示的箭头方向,依照什么次序安装。

(2) 试更换主控阀为单电控二位五通换向阀,使回路实现同样的效果。

课题 8

压 膜 机

学习目标

(1) 了解延时阀的结构和工作原理。

(2) 掌握延时阀的图形符号和应用。

(3) 能够识读压膜机的回路图。

技能目标

(1) 学会正确使用气动的相关设备。

(2) 根据系统回路图能够正确安装气动控制回路且无漏气。

(3) 学会分析压膜机回路图动作过程。

(4) 能够独立完成设备的调试,并能进行相关故障的排除。

压膜机如图 1-8-1 所示,用于印制电路板干膜压膜用,通过由内而外的加热方式,给两支压膜滚轮加热,由两组红外线测温感测器检测压膜轮的表面温度,利用精密电子温度控制器,控制加热器加热,在压膜过程中使压膜轮外表的温度获得能趋于稳定的温度。压膜轮是用进口硅胶合成的,硬度适中,使用寿命长,也容易更换整座压膜轮,压膜压力可使整个感光膜牢牢地黏附在板上。

图 1-8-1 加热气动压膜机实物

任务 压膜机气动控制回路装置控制

压膜机控制回路如图 1-8-2 所示，该系统采用一个双作用气缸、按钮阀、滚轮阀、延时阀、双气控二位五通换向阀、单向节流阀等实现工作循环。压膜时间的控制是在压膜到位后通过延时阀来实现的。

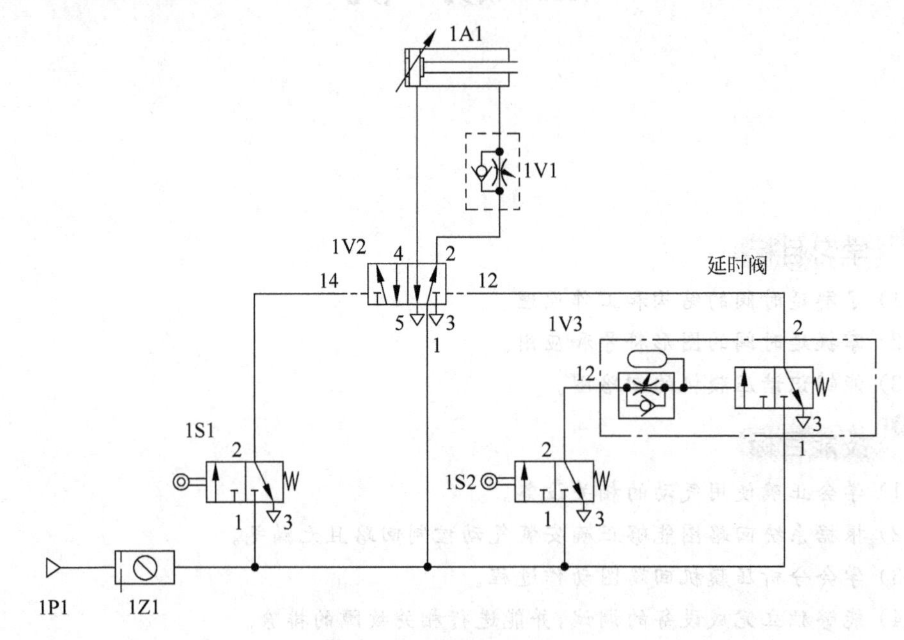

图 1-8-2 压膜机控制回路

1. 元件介绍

延时阀是延缓某信号的输出，使控制机构的动作滞后发生。延时阀是一个组合阀，其由二位三通换向阀、单向可调节流阀和气室组成。二位三通换向阀既可以是常开式，也可以是常闭式。通常，延时阀的时间调节范围为 0～30s。通过增大气室，可以使延时时间加长。

1）实物及图形符号

延时阀实物及图形符号如图 1-8-3 所示。

2）结构及工作过程

延时阀的结构及工作过程如图 1-8-4 所示。

工作过程：常开式延时换向阀如图 1-8-4(a)所示。压缩空气从进气口 1 进入且被关闭。二位三通换向阀阀芯在复位弹簧的作用下处在常态位置，阀芯处于下端位置，输出口 2 与呼气口 3 相通。

当控制口 12 有气控信号时，气体通过可调节流阀(气阻)使气容腔充气，当气室内的压力达到一定值时，通过阀芯压缩弹簧使阀芯向下动作，换向阀换向；使得 1 口与 2 口接

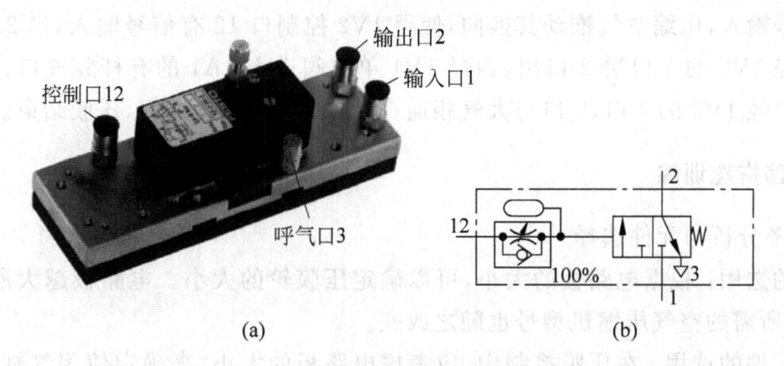

图 1-8-3 延时阀实物及图形符号

(a) 实物；(b) 图形符号

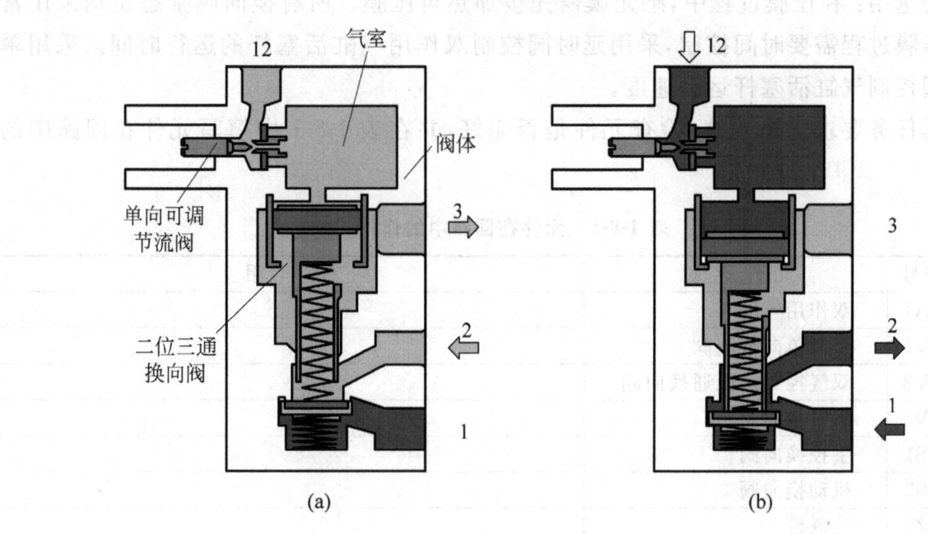

图 1-8-4 延时阀结构及工作过程

(a) 结构；(b) 工作过程

通，压缩空气就从 1 口进入 2 口输出，如图 1-8-4(b)所示；气控信号消失后，气室中的气体通过单向阀快速卸压，当压力降到某值时，阀芯上移，换向阀复位。

2. 气路控制原理

控制回路如图 1-8-2 所示，气源通过气动二联件的过滤和减压送到 1S1、1S2、1V2 和 1V3 的 1 口而被关闭，气缸活塞杆处于原始状态。

当按下 1S1 按钮时，1V2 控制口 14 有信号，1V2 换向，压缩空气经 1V2 的 1 口进 4 口出，进入 1A1 的无杆腔气口；同时，1A1 有杆腔气口经 1V1 节流阀后通过 1V2 的 2 口、3 口与大气相通；气缸活塞杆缓慢伸出，实现加热的感光膜黏附在电路板上。延时阀的使用，使得压膜轮上的感光膜有足够的时间加热。

感光膜黏附在电路板上后，1S2 被压下，压缩空气通过 1S2 到 1V3 的控制口 12，给气室充气，系统开始延时；延时一段时间后，气室达到一定的气压，使得 1V3 中二位三通换向阀有信号输入，压缩空气推动其换向，使得1V2控制口12有信号输入，1V2再次换向，压缩空气经1V2的1口进2口出，通过1V1单向阀进入1A1的有杆腔气口；同时，1A1无杆腔气口经1V2的4口、5口与大气相通；气缸活塞杆迅速缩回，压膜结束。

3. 回路搭建训练

1）任务分析与元件选择

气源的选用：根据电路板的大小，可以确定压膜轮的大小。电路板越大所需的压膜压力越大，所需的空气压缩机型号也随之改变。

执行元件的选用：在压膜控制中，应考虑电路板的大小，来确定使用气缸的类型，本任务选用双作用气缸。

阀的选用：在压膜过程中，感光膜需先被加热再压膜。所有换向阀常态位均采用常断型。压膜过程需要时间控制，采用延时阀控制双作用气缸活塞杆的运行时间。采用单向节流阀控制气缸活塞杆运动速度。

根据任务要求选择元件，检查元件是否完好，并在表1-8-1中填写元件在回路中的作用。

表1-8-1 元件在回路中的作用

序号	符号	元件名称	作用
1	1A1	双作用气缸	
2	1V1	可调单向节流阀	
3	1V2	双气控二位五通换向阀	
4	1V3	延时换向阀	
5	1S1	手控换向阀	
6	1S2	机动换向阀	
7	1Z1	二联件	
8	1P1	气源	

2）任务实施

(1) 气动控制回路如图1-8-2所示。

(2) 实物如图1-8-5所示。

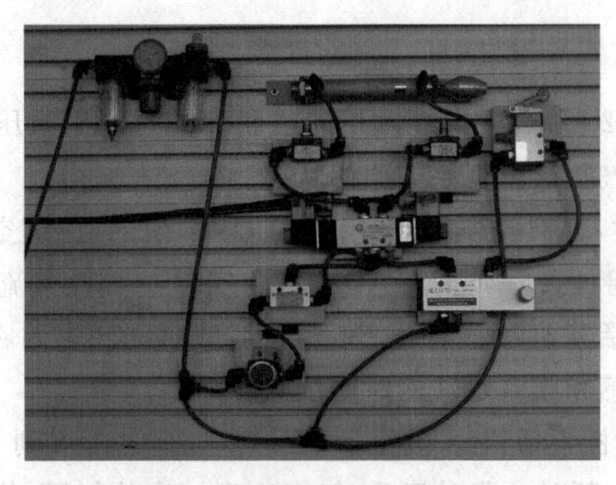

图1-8-5 压膜机控制回路实物

(3) 任务调试：按图 1-8-5 所示接好管线，调试气压，调试双作用气缸来回运行自如、阀按钮灵活、滚轮阀旋转自如、节流阀调节旋钮可调等，分析和解决在实验中出现不正常情况，根据后面要求记录实验结果。

(4) 注意事项：

① 气路搭建前还需要检查所用的各元件活动是否灵活，气路是否畅通；检查管路、电线有无破损、老化。

② 熟悉实训设备(气源的开关、气压的调整、管路的连接、电路的搭建等)的使用方法。

③ 元件的安装与固定是否牢固。

④ 打开气源时，手握气源开关观察一段时间，防止因管路没接好被弹出。

⑤ 打开气源观察，记录回路运行情况，对设备使用中出现的问题进行分析和解决。

⑥ 完成实验后关闭气源，拆下管、线、元器件并放回原位，对破损、老化管、线应及时处理。

3) 实验分析与收获

(1) 压膜机控制的执行元件是________，主控元件是________，当控制口________有信号时，双气控二位五通换向阀工作于________侧，且有________气口和________气口相通；当控制口________有信号时，双气控二位五通换向阀工作于________侧，且有________气口和________气口相通。

(2) 延时阀是________元件，其有________、________、________ 3 个元件共同构成的组合阀。

(3) 根据实验现象将各元件的工作状态填入表 1-8-2 中。

表 1-8-2 各元件的工作状态

1A1	1V3	1V4	1V5	1S1	1S2
气缸伸出					
停留					
气缸缩回					
回到起始位置					

(4) 在实训中观察压下滚轮阀时延时阀与双作用气缸的动作，试总结规律。

4. 知识链接

1) 时间控制换向阀

时间控制换向阀是使气流通过气阻(如小孔、缝隙等)节流后到气容(储气空间)中，经一定时间使气容内建立起一定压力后，再使阀芯换向的阀类。适于在易燃、易爆、粉尘大等的场合使用。

2) 脉冲阀

脉冲阀是靠气流流经气阻、气容的延时作用，使压力输入的长信号变为短暂的脉冲信号输出。常用的脉冲阀有3类，分别是直角式脉冲阀、淹没式脉冲阀和直通式脉冲阀。其实物如图1-8-6～图1-8-8所示。

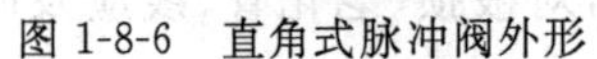

图 1-8-6　直角式脉冲阀外形　　图 1-8-7　淹没式脉冲阀外形　　图 1-8-8　直通式脉冲阀外形

5. 思考与练习

(1) 图1-8-9所示是延时回路，请说明如何调整延时的时间。

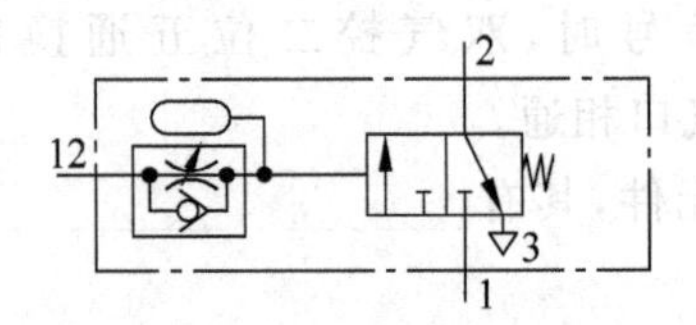

图 1-8-9　延时回路

(2) 在图1-8-2所示的系统中，将常开式延时阀换成常闭式延时阀，试叙述它的工作原理。

课题 9

压印机

学习目标

(1) 了解压力顺序阀、行程换向阀和按钮换向阀的结构和工作原理。

(2) 掌握压力顺序阀、行程换向阀和按钮换向阀图形符号及其应用。

(3) 识读压印机的回路图。

技能目标

(1) 会正确使用气动的相关元器件。

(2) 根据气动控制系统回路图会正确安装气动控制回路且无漏气。

(3) 会根据回路图分析压印机气动控制系统工作过程。

(4) 完成设备的调试,并能进行相关的故障排除。

压印机如图 1-9-1 所示。它主要通过双作用气缸对被压印件进行压印加工,其工作原理是当按下开始压印按钮开关时,气缸活塞杆伸出气缸,活塞杆完全伸出时对压印件进行压印,当压力达到其设定压力时,压印工作完成,此时气缸活塞自动缩回。压印机可根据不同材料压印所需的压力值来进行压力值大小的设定。

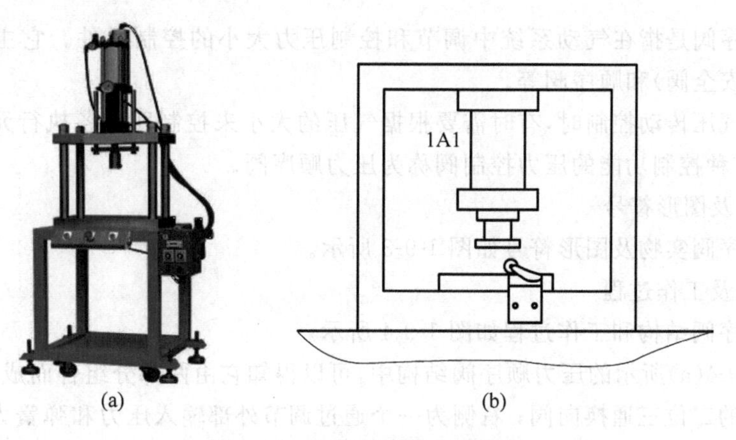

图 1-9-1　压印机实物与示意图

(a) 实物;(b) 示意图

任务　压印机气动控制回路装置控制

根据本课题的工作要求，压印机控制回路如图 1-9-2 所示。

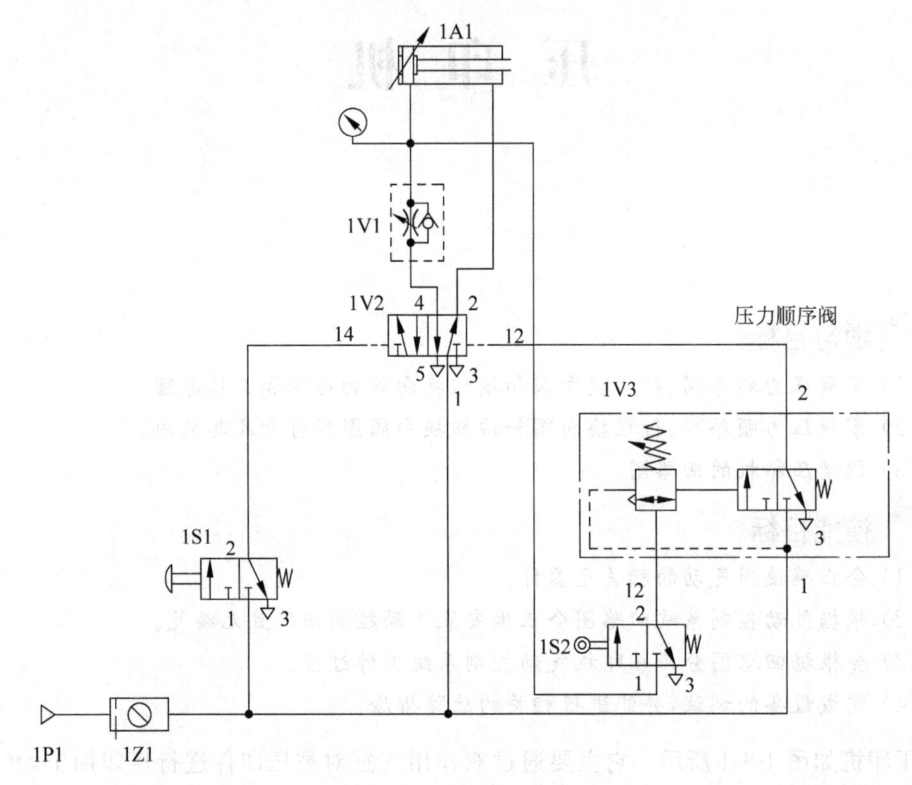

图 1-9-2　压印机控制回路

1. 元件介绍

压力顺序阀是指在气动系统中调节和控制压力大小的控制元件。它主要包括调压阀、溢流阀(安全阀)和顺序阀等。

在进行气压传动控制时，有时需要根据气压的大小来控制回路各执行元件的顺序动作，能实现这种控制功能的压力控制阀称为压力顺序阀。

1) 实物及图形符号

压力顺序阀实物及图形符号如图 1-9-3 所示。

2) 结构及工作过程

压力顺序阀结构和工作过程如图 1-9-4 所示。

从图 1-9-4(a)所示的压力顺序阀结构中，可以得知它由两部分组合而成，左侧主阀为一个单气控的二位三通换向阀；右侧为一个通过调节外部输入压力和弹簧力平衡来控制主阀换向的顺序阀。

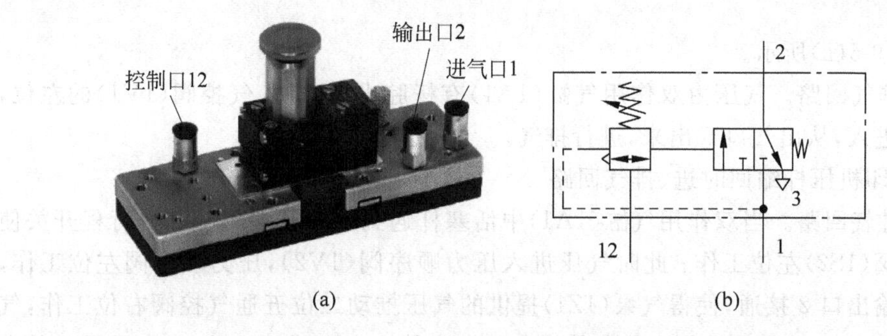

图 1-9-3 压力顺序阀实物及图形符号

(a) 实物；(b) 图形符号

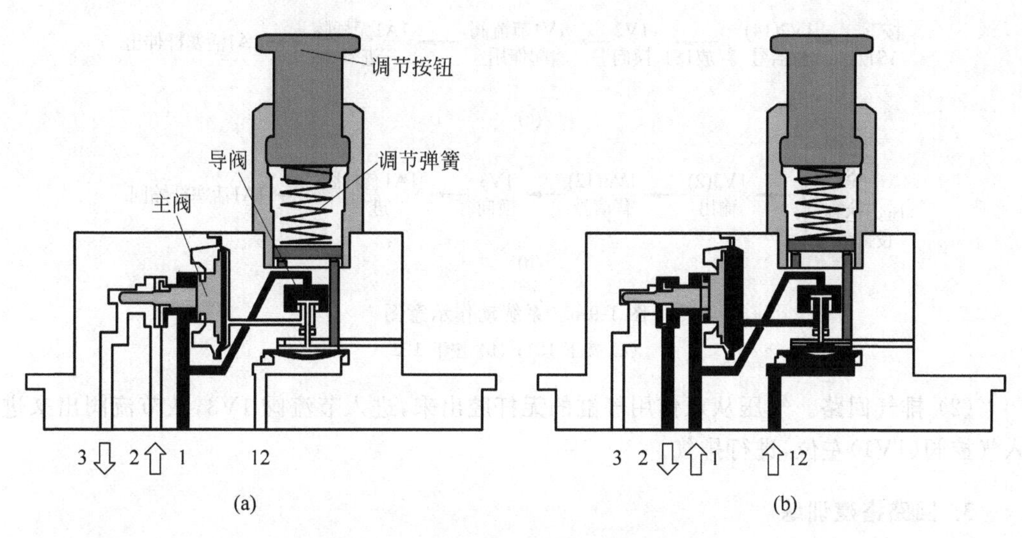

图 1-9-4 可调式压力顺序阀内部结构

(a) 结构；(b) 工作过程

压力顺序阀工作过程如图 1-9-4(b)所示，被检测的压力信号由导阀的控制口 12 输入，其压力和调节弹簧的力相平衡。当压力达到设定值时，就能克服弹簧力使导阀阀芯抬起。导阀阀芯抬起后，主阀输入口 1 的压缩空气就能进入主阀阀芯的右侧，推动阀芯左移实现换向，使主阀输出口 2 与输入口 1 导通产生输出信号。由于调节弹簧的弹簧力可以通过调节旋钮进行预先调节设定，所以压力顺序阀只有在控制口 12 的输入气压达到设定压力时，才会产生输出信号。这样就可以利用压力顺序阀实现由压力大小控制的顺序动作。

2. 气路控制原理

1）压印机压杆压印时进、排气回路

(1) 进气回路。按下按钮 1S1 气压接到人控阀 1S1 的左位，气压从输入口 1 进入，从输出口 2 出来，使得主控换向阀 1V2 换向。气压通过气管线连接到二位五通气控阀(1V2)，使得气控阀(1V2)的左位工作，从输出口 4 出来，气压进入节流阀(1V1)。一路气压进入双作用气缸(1A1)无杆腔，推动活塞杆向右运动，在向右运动的过程中活塞杆压下滚轮式二位三通换向阀 1S2 的滚轮。另一路气压进入滚轮式二位三通换向阀(1S2)右位，如图 1-9-5(a)所示。

(2) 排气回路。气压由双作用气缸(1A1)有杆腔出来，进入气控阀(1V1)的左位，由进气口 4 进入，从出气口 5 出来，进行排气。

2) 压印机压杆缩回时进、排气回路

(1) 进气回路。当双作用气缸(1A1)中活塞杆遇到行程开关(1S2)时，行程开关使得行程换向阀(1S2)左位工作；此时气压进入压力顺序阀(1V2)，压力顺序阀左位工作，输入口 1 和输出口 2 接通，使得气泵(1Z1)提供的气压推动二位五通气控阀右位工作，气泵提供的气压通过 1V1 气控阀右位。从输入口 1 和输出口 2 进入 1A1 双作用气缸的有杆腔推动活塞向无杆腔运动，如图 1-9-5(b)所示。

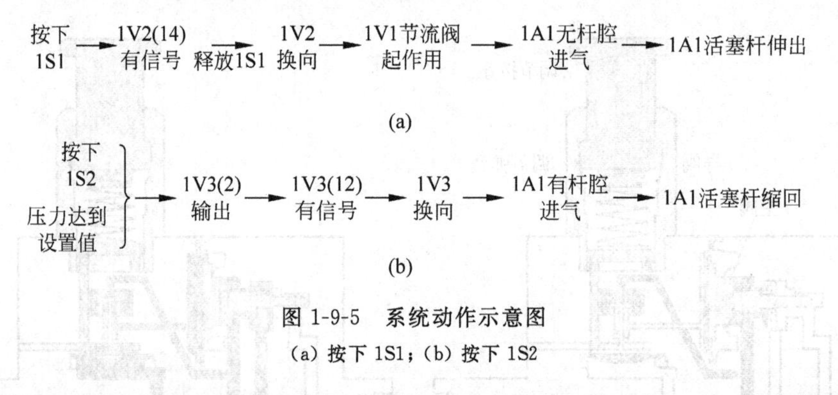

图 1-9-5 系统动作示意图

(a) 按下 1S1；(b) 按下 1S2

(2) 排气回路。气压从双作用气缸的无杆腔出来，进入节流阀 1V3，从节流阀出来进入气控阀(1V1)左位，进行排气。

3. 回路搭建训练

1) 任务分析与元件选择

(1) 气源的选用：根据压印机所压印材质力学性能和试压痕迹，选择空压机型号。

(2) 执行元件的选用：在压印过程中通过考虑压力大小和压印中防止产生冲击影响压印质量，从而确定使用气缸的类型。本任务选用带缓冲的双作用气缸。

(3) 阀的选用：根据气动回路设计图中所涉及的元器件进行相应阀的选择。

气路搭建前还需要检查所用的各元件活动是否灵活、气路是否畅通、气接口是否堵塞；检查管路、电线有无破损、老化。

2) 任务实施

(1) 气动控制回路如图 1-9-2 所示。

(2) 回路搭建实物如图 1-9-6 所示。

(3) 任务调试：按图 1-9-6 所示接好管线，调试气压，调试双作用气缸来回运行自如、阀按钮灵活、阀滚轮旋转自如、节流阀调节旋钮可调等，分析和解决在实验中出现的不正常情况，根据后面要求记录实验结果。

(4) 注意事项：

① 熟悉实训设备(气源的开关、气压的调整、管路的连接、电路的搭建等)的使用方法。

② 元件的安装与固定是否牢固。

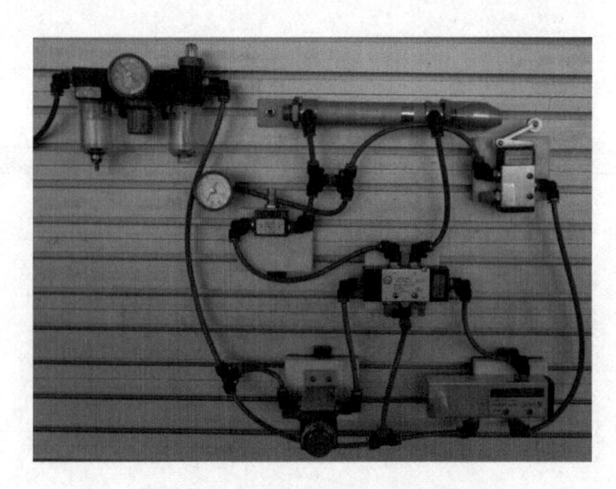

图 1-9-6 压印机控制回路实物

③ 打开气源时，手握气源开关观察一段时间，防止因管路没接好被弹出。

④ 打开气源，观察、记录回路运行情况，对设备使用中出现的问题进行分析和解决。

⑤ 完成实验后，关闭气源，拆下管、线、元器件并放回原位，对破损、老化的管、线应及时处理。

3）实验分析与收获

(1) 压力顺序阀是利用____________________原理进行工作的。

(2) 根据实验现象填写表 1-9-1 所列的换向阀动作情况。

表 1-9-1 换向阀动作情况

换向阀 / 动作	1S1	1S2	1V1	1V2	1V3
压印开始					
压印中					
压印停止					
压印结束					

4. 知识链接

压力开关是一种当输入压力值达到设定值时，电气触点接通，发出电信号；输入压力低于设定值时，电气触点断开的元件。压力开关常用于需要进行压力控制和保护的场合。压力开关实物如图 1-9-7 所示。

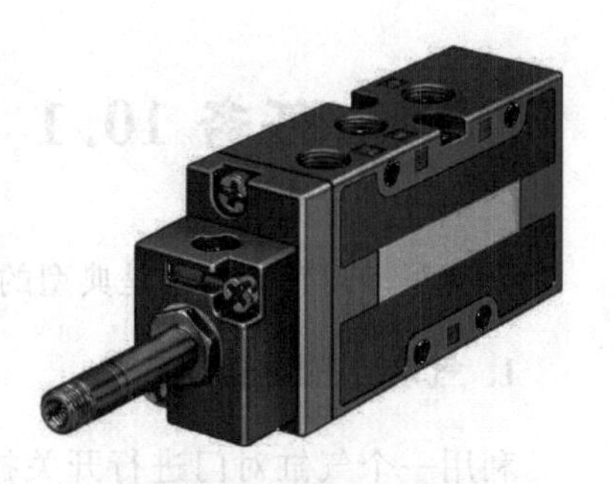

图 1-9-7 压力开关实物

5. 思考与练习

(1) 安装压力顺序阀时，压力顺序阀和滚轮式换向阀的前后连接顺序是否可以调换？

(2) 试分析气控换向阀的工作原理。

课题 10

开关门控制装置

学习目标

(1) 了解梭阀结构和原理以及逻辑控制回路之间的逻辑关系。

(2) 掌握梭阀的图形符号和应用。

(3) 会识读门开关控制装置的回路图。

(4) 会连接简单电路图。

技能目标

(1) 会正确使用气动的相关元器件。

(2) 根据逻辑控制系统回路图会正确安装气动控制回路且无漏气。

(3) 会分析门开关控制装置的电控和气控系统回路图的动作过程。

(4) 完成设备的调试,并能进行相关的故障排除。

门在日常生活中普遍见到,给人们生活带来了很大的方便,门的动作就是开和关,门的开关控制装置回路是实现门动作的关键回路,能够实现门的自动开关,如电梯门的开关和公交车车门的开关等。

任务 10.1 气动门开关控制装置

公交车车门开关动作是典型的气动门开关控制装置。

1. 气动门开关控制回路

利用一个气缸对门进行开关控制,气缸活塞杆伸出,门打开;活塞杆缩回,门关闭。控制回路如图 1-10-1 所示。门内侧有开门按钮(1S1)和关门按钮(1S2);门外侧有开门按钮(1S3)和关门按钮(1S4)。

当按下 1S1 或 1S2 的任一按钮时,门都能被打开;1S3 或 1S4 任一按钮被按下,都能让门关闭。在气动控制回路中,门内、外的两个开门按钮 1S1 和 1S2 都能让气缸伸出,它

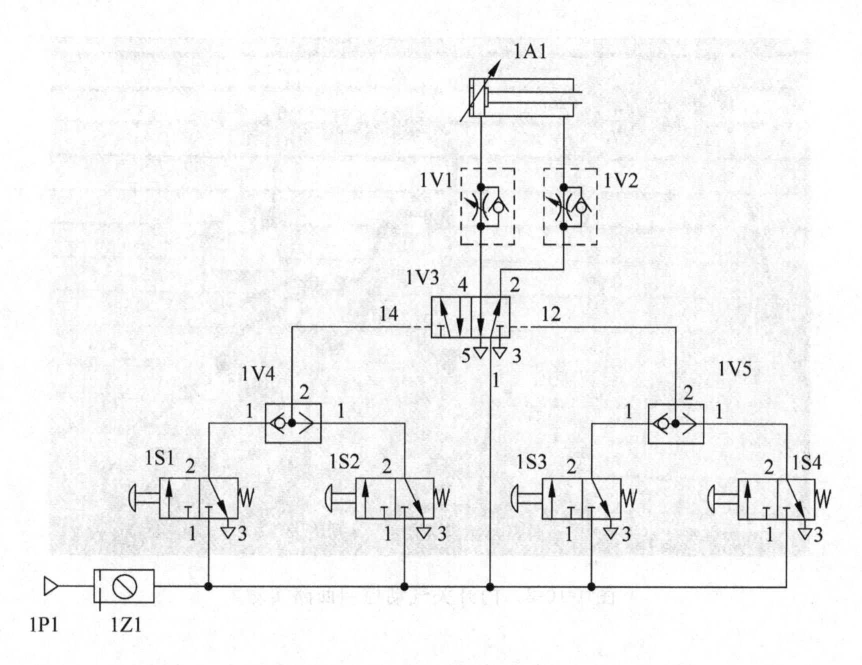

图 1-10-1 气动门开关控制回路

们之间是逻辑“或”的关系。门内、外的两个关门按钮 1S3 和 1S4 都能让气缸缩回，它们之间也是逻辑“或”的关系。为了降低门的开关速度，在回路中采用了单向节流阀进行调速。

2. 回路搭建训练

1）任务分析与元件选择

(1) 气源的选用：所选气泵压力值要满足门开关动作压力。

(2) 执行元件的选用：使用气缸的类型，本任务选用双作用气缸。

(3) 阀的选用：门开关动作过程中，在气动控制回路中用到二位三通按钮阀、梭阀、气控二位五通换向阀和节流阀。在回路搭建前选择好相应的阀。

门开关过程中，所有换向阀常态位均采用常断型，门在开启和关闭时，采用单向节流阀控制气缸活塞杆运动速度。

气路搭建前还需要检查所用的各元件活动是否灵活、气路是否畅通；检查管路有无破损、老化。

2）任务实施

(1) 气动控制回路如图 1-10-1 所示。

(2) 实物如图 1-10-2 所示。

(3) 任务调试：按图 1-10-2 所示接好管线，调试气压，调试双作用气缸来回运行自如、阀按钮灵活情况，分析和解决在实验中出现的不正常情况，根据后面要求记录实验结果。

(4) 注意事项：

① 熟悉实训设备（气源的开关、气压的调整、管路的连接、电路的搭建等）的使用

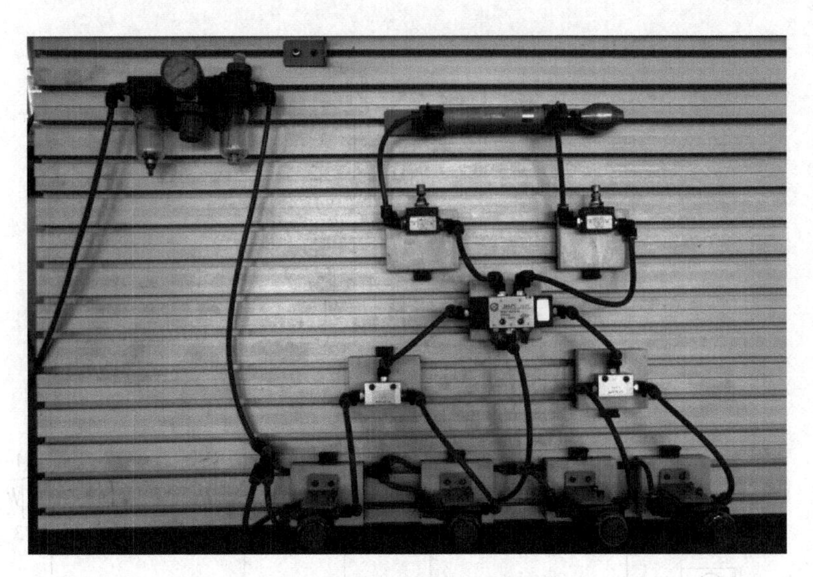

图 1-10-2　门开关气动控制回路实物

方法。

② 元件的安装与固定是否牢固。

③ 打开气源时，手握气源开关观察一段时间，防止因管路没接好被弹出。

④ 打开气源观察，记录回路运行情况，对设备使用中出现的问题进行分析和解决。

⑤ 完成实验后，关闭气源，拆下管、线、元器件并放回原位，对破损、老化管、线应及时处理。

3）实验分析与收获

（1）梭阀是利用____________原理进行工作的。

（2）根据实验现象填写阀动作情况，并记录于表 1-10-1 中。

表 1-10-1　阀动作情况记录表

阀 动作	1S1	1S2	1S3	1S4	1V4	1V5	1V3	1V1	1V2
门开启									
门关闭									

3. 思考与练习

（1）此课题与前面讲授的哪一个课题相似？都属于什么控制？

（2）请将气动门开关控制回路图 1-10-1 中的主控阀换成单气孔二位五通换向阀，控制回路应该如何修改？

任务 10.2 电控门开关控制装置

1. 电控门开关控制回路

1）电控门开关控制装置工作原理

电控门开关控制装置主要由气动控制回路和电气控制回路两部分组成，通过电磁线圈通电，使得气动控制回路中的电磁换向阀工作，实现气缸的伸缩动作，从而使门实现开和关动作。

2）电控门开关控制装置气动控制回路

整个回路中主要由气泵、双电控二位五通换向阀、节流阀和双作用气缸组成。如图 1-10-3(a)所示，当电磁换向阀 1Y1 得电，使得电磁换向阀左位工作，气压由换向阀左位经过 1V1 节流阀进入双作用气缸无杆腔，推动活塞杆伸出气缸；当电磁换向阀 1Y2 得电，使得电磁换向阀右位工作，气压由换向阀左位经过 1V2 节流阀进入到双作用气缸有杆腔，推动活塞杆缩回气缸。

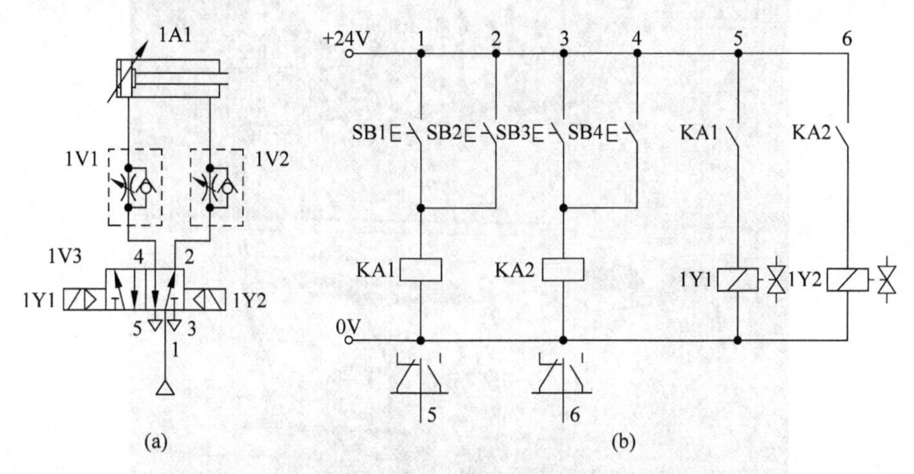

图 1-10-3 电控门开关气动控制回路

(a) 气动回路；(b) 电控回路

3）电控门开关控制装置电气控制回路

电气控制回路中主要由 4 个按钮开关和两个中间继电器组成。

当按下按钮开关 1S1 或 1S2，KA1 线圈得电，使得 KA1 常开触点闭合，1Y1 线圈得电，气动回路中电磁换向阀 1Y1 工作；当按下按钮开关 1S3 或 1S4，KA2 线圈得电，使得 KA2 常开触点闭合，1Y2 线圈得电，气动回路中电磁换向阀 1Y2 工作，如图 1-10-3(b) 所示。

2. 回路搭建训练

1）任务分析与元件选择

（1）气源的选用：所选气泵压力值要满足门开关动作压力的要求。

（2）执行元件的选用：使用气缸的类型，本任务选用双作用气缸。

（3）电路开关和阀的选用：门开关动作过程中，在气动控制回路中用到二位五通电磁换向阀和节流阀。在回路搭建前选择好相应的阀。电气控制回路中用到按钮开关、门开关过程中，通过电气控制回路中按钮开关来使得线圈得电，从而使得气动控制回路中的电磁换向阀工作，门在开启和关闭时，采用单向节流阀控制气缸活塞杆的运动速度。

气路搭建前还需要检查所用的各元件活动是否灵活、气路是否畅通；检查管路有无破损、老化。电路搭建前检查各电器元件是否完好、电线是否老化。

2）任务实施

（1）电控制门开关控制回路如图 1-10-3 所示。

（2）实物如图 1-10-4 所示。

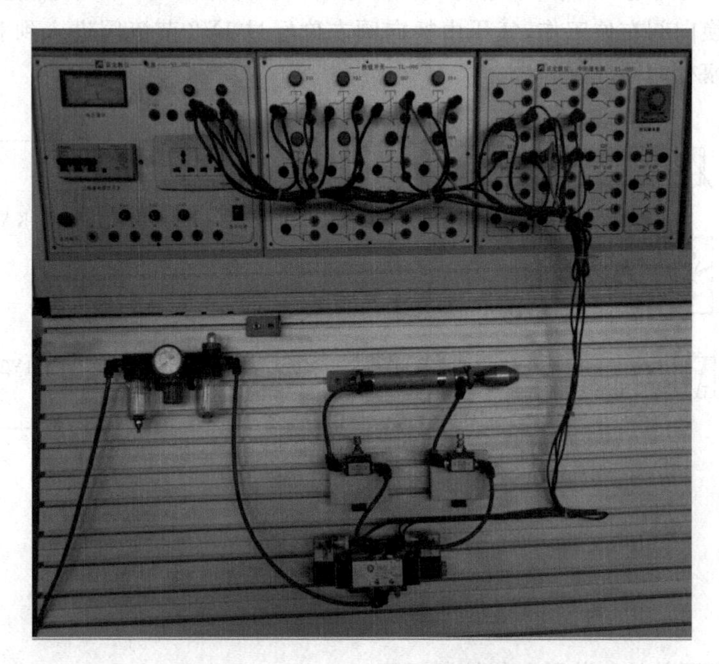

图 1-10-4 电控门开关控制回路实物

（3）任务调试：按图 1-10-4 所示接好管线、电路，调试气压、调试双作用气缸来回运行自如、电磁换向阀灵活情况，分析和解决在实验中出现的不正常情况，根据后面要求记录实验结果。

（4）注意事项：

① 熟悉实训设备（气源的开关、气压的调整、管路的连接、电路的搭建等）的使用方法。

② 元件的安装与固定是否牢固、电路连接是否正确。

③ 打开气源时，手握气源开关观察一段时间，防止因管路没接好被弹出。

④ 打开气源观察，记录回路运行情况，对设备使用中出现的问题进行分析和解决。

⑤ 完成实验后，关闭气源和电源，拆下管、线、元器件并放回原位，对破损、老化管、线应及时处理。

3）实验分析与收获

(1) 电磁换向阀是利用＿＿＿＿＿＿＿＿＿＿＿原理进行工作的。

(2) 根据实验现象填写阀动作情况，并记录于表1-10-2中。

表1-10-2　元件动作情况

阀 动作	1S1	1S2	1S3	1S4	1V3	KA1	KA2	1V1	1V2
门开启									
门关闭									

3. 思考与练习

(1) 设想在开关门时，如何能做到快开门、慢关门？

(2) 电控门开关回路中电路部分的回路设计是否有方法？并绘制出电路原理图。

课题 11

组合机床动力滑台系统

学习目标

(1) 掌握典型系统中气动与液压的传动异同点。

(2) 通过实例了解液压系统使用过程中的注意事项。

(3) 通过实例了解故障的排除、维修方法。

技能目标

(1) 会正确使用液压、电气的相关设备。

(2) 能根据控制系统回路图正确安装液压控制回路。

(3) 能根据电路回路图正确连接电路。

(4) 会分析控制系统回路图动作过程。

(5) 能对发生故障的液压系统进行分析处理,查找故障源,排除故障。

在日常生活中,经常看到挖掘机、起重机、推土机、数控机床、液压机械手,它们有的力大无比,有的灵活自如,令人感叹科技发展的无穷魅力。其实这些都是液压或气动技术在生活中的应用。液压传动和气压传动实现传动和控制的方法基本相同,都是利用各种元件组成所需要的控制回路,通过液压油或压缩空气的有压流体作为工作介质,实现控制功能和机械设备的传动。液压传动与气压传动的不同之处是它所用的传动介质是液体。

任何一个液压系统,如果安装调试不正确或使用、维护不当,就会出现各种故障,不能长期发挥和保持良好的工作性能。例如,典型的组合机床动力滑台系统。动力滑台系统上安装着各种旋转刀具,其液压系统的功能是使这些刀具作轴向进给运动,并完成一定的动作循环。它包括快进→工进→二工进→停留→快退→原位停止。

通过对该系统的油路、电路等分析,并在液压实训台上搭建对应的油路、电路,进一步观察研究,了解液压元器件特性、工作原理。在操作过程中严格执行操作规程,安全实训、文明实训;培养自主学习、小组合作学习精神;领会液压与气动传动的典型异同之处。

任务 11.1 认识组合机床动力滑台系统

组合机床动力滑台的实物及液压系统如图 1-11-1 所示。

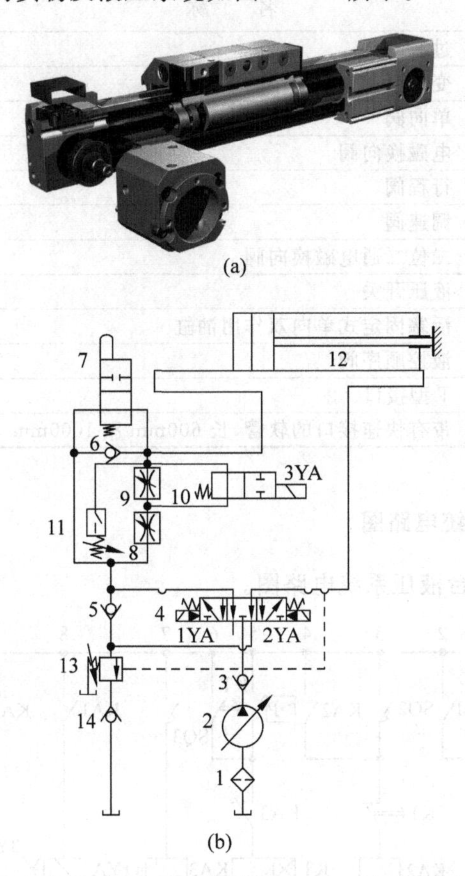

图 1-11-1 组合机床动力滑台的实物及液压系统

(a) 实物图；(b) 液压系统图

图 1-11-2 所示为动力滑台系统工作循环图，黑色点为顺序动作的触发信号处。

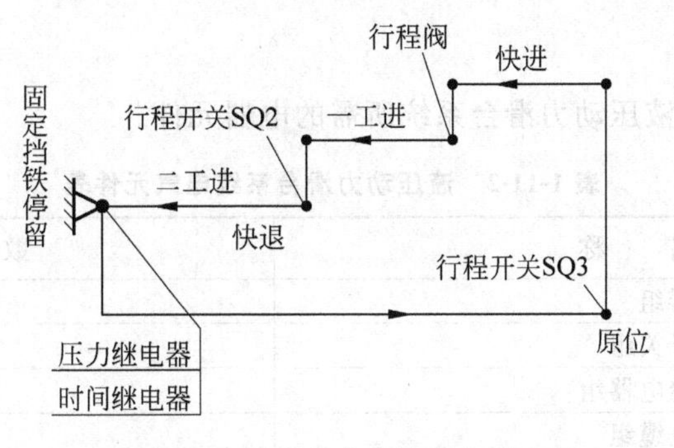

图 1-11-2 动力滑台系统工作循环图

1. 液压元件

表 1-11-1 列出了动力滑台系统所需的液压元件。

表 1-11-1　动力滑台系统液压元件表

序　　号	名　　称	数　　量
1	过滤器	1
2	变量泵	1
3、5、6、14	单向阀	4
4	电磁换向阀	1
7	行程阀	1
8、9	调速阀	2
10	二位二通电磁换向阀	1
11	液压开关	1
12	活塞固定式单向双作用油缸	1
13	液控顺序阀	1
—	T 型接口	—
—	带有快速接口的软管，长 600mm 和 1000mm	—

2. 液压动力滑台系统电路图

图 1-11-3 为动力滑台液压系统电路图。

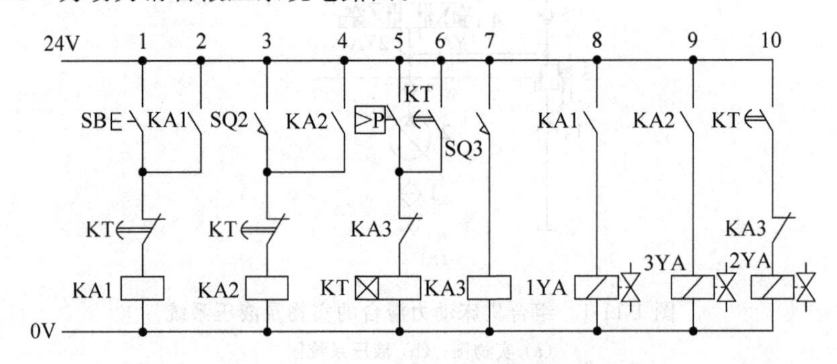

图 1-11-3　动力滑台液压系统电路

3. 电气元件

表 1-11-2 所示为液压动力滑台系统所需的电器元件。

表 1-11-2　液压动力滑台系统电气元件表

名　　称	数　　量
继电器组	1
按钮开关组	1
时间继电器组	1
通用电缆组	1

续表

名　　称	数　　量
电源供给单元	1
行程开关	2
压力继电器	1

4. 电磁铁和行程阀动作顺序

表 1-11-3 所示为电磁铁和行程阀顺序动作表。

表 1-11-3　电磁铁和行程阀顺序动作表

动　　作	电　磁　铁			行程阀	压力开关
	1YA	2YA	3YA		
快进	+	−	−	−	−
一工进	+	−	−	+	−
二工进	+	−	+	+	−
固定挡铁停留	+	−	+	+	+
快退	−	+	−	+	−
原位停止	−	−	−	−	−

注："+"表示电磁铁通电，压下行程开关或压力继电器；"−"表示电磁铁断电，松开行程开关或压力继电器复位。

5. 工作过程分析

(1) 快速前进：按下启动按钮 SB，电磁铁 1YA 通电，电磁换向阀 4 的先导阀左位接入系统，这时控制油路如图 1-11-4 所示。

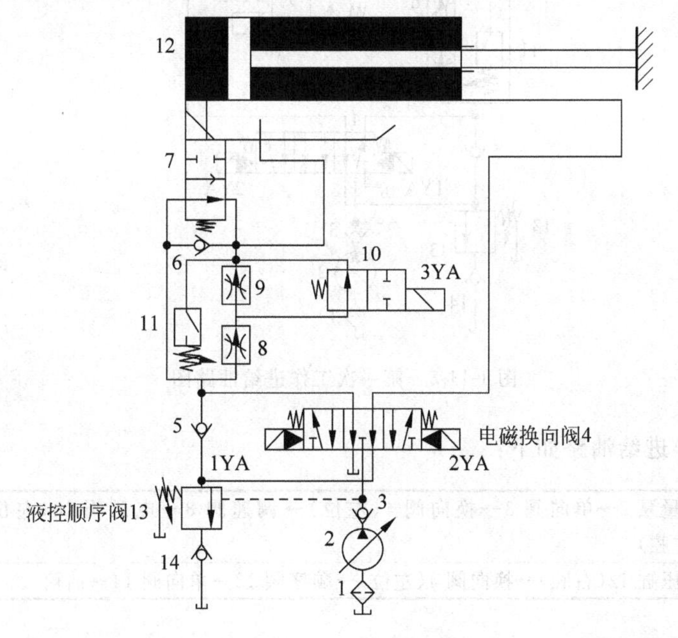

图 1-11-4　快进回路油路

① 控制油路如下：

进油路	变量泵 2→单向阀 3→换向阀 4(左位)→行程阀 7(右位)→液压缸 12(左腔)
回油路	液压缸 12(右腔)→换向阀 4(左位)→单向阀 5→行程阀 7(右位)→液压缸 12(左腔)

在控制油液作用下，阀 4 的液动阀左位接入系统，这时负载比较低，系统压力较低，液控顺序阀 13 处于关闭状态。

② 主油路如下：

进油路	变量泵 2→单向阀 3→换向阀 4(左位)→调速阀 8→电磁阀 10(左位)→行程阀 7(右位)→液压缸(右腔)
回油路	液压缸(右位)→换向阀(左位)

此时液压缸左、右两腔都通压力油，形成差动连接，系统压力较低，流量较大，滑台快进。

(2) 第一次工作进给：当滑台快进压下行程阀 7 而切断快进油路时，变量泵 2 输出的液压油只能经调速阀 8 和二位二通电磁换向阀 10 进入液压缸左腔，相应系统压力升高，液控顺序阀 13 打开，滑台切换为第一次工作进给，主油路如图 1-11-5 所示。

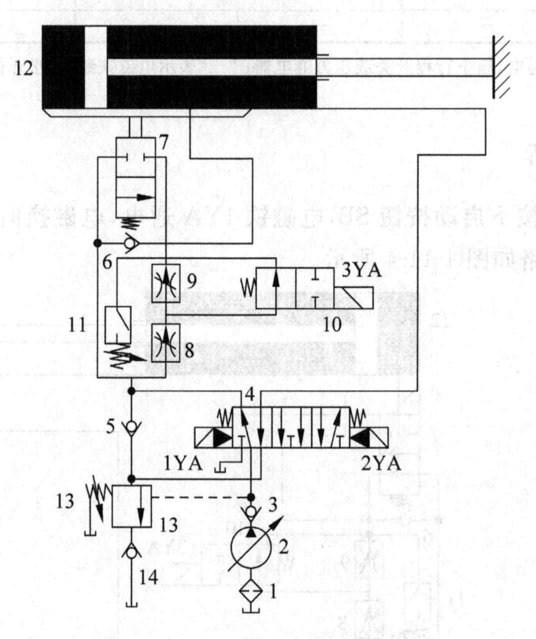

图 1-11-5　第一次工作进给油路图

第一次工作进给油路如下：

进油路	变量泵 2→单向阀 3→换向阀 4(左位)→调速阀 8→电磁阀 10(左位)→液压缸 12(左腔)
回油路	液压缸 12(右腔)→换向阀 4(左位)→顺序阀 13→单向阀 14→油箱

思考：第一次工作进给的速度如何调节？

(3) 第二次工作进给：当滑台第一次工作进给到预定位置时，其挡块压下 SQ2 行程开关，使 3YA 通电开始，换向阀 10 右位接入系统，这时压力油经调节阀 8 和 9 进入液压缸左腔，其他与第一次工作进给相同。其油路如图 1-11-6 所示。

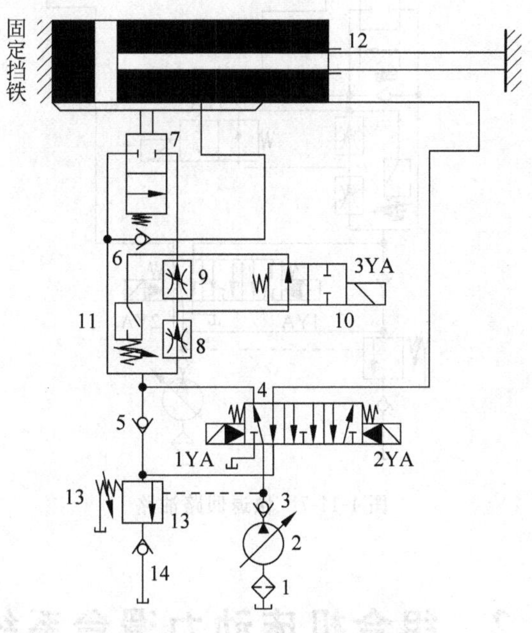

图 1-11-6　第二次工作进给油路

进油路	变量泵 2→单向阀→换向阀 4 左位→调速阀 8→调速阀 9→液压缸(左腔)
回油路	液压缸 12(右腔)→换向阀 4(左位)→顺序阀 13→单向阀 14→油箱

思考：

① 第二次工作进给的速度由哪个元件调定？

② 第二次工作进给的速度为何比第一次低？

(4) 固定挡块停留：当滑台第二次工作进给到终了、碰到固定挡块时，滑台停止前进，液压缸压力上升，压力继电器 KP 发出电信号给时间继电器 KT，其按设定时间停留后再动作。设置固定挡块可提高滑台停止的位置精度。

(5) 快速退回：滑台停留结束，时间继电器发出电信号，使 1YA、3YA 断电，2YA 通电，换向阀 4 的右位接入系统，这时的控制油路如图 1-11-7 所示。

在控制油路的作用下，换向阀 4 的液压阀右位接入系统，主油路如下：

进油路	变量泵 2→单向阀 3→换向阀 4(右位)→液压缸 12(右腔)
回油路	液压缸 12(左腔)→单向阀 6→换向阀 4(右位)→油箱

(6) 原位停止：当滑台退回到原位时，其挡位压下电气行程开关 SQ3，使电磁铁 2YA 断电，换向阀 4 的先导阀和液压阀回到中位，液压缸处于原位停止。此时的控制油路为：卸荷油路变量泵 2→单向阀 3→换向阀 4(中位)→油箱。

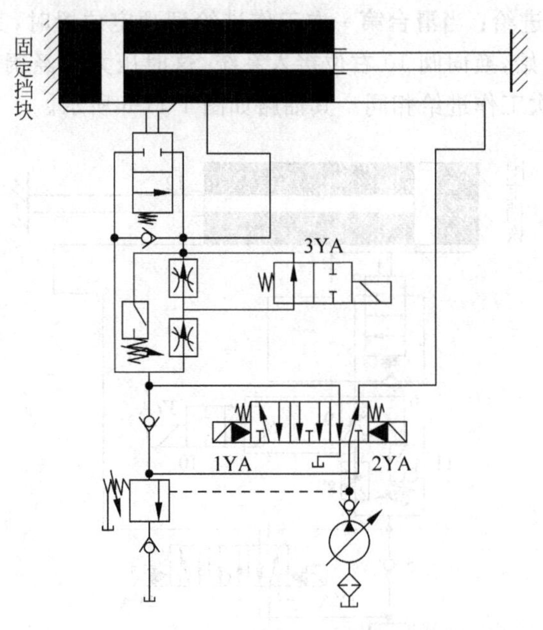

图 1-11-7　快退回路油路

任务 11.2　组合机床动力滑台系统的搭建

利用 Fluid SIM 软件进行系统的搭建，通过软件进行观察和分析，熟悉系统组成和电路搭建，为真正搭建做准备。也可以通过在软件上的搭建和运行，观察和分析运行的数据，了解组合机床动力滑台系统的特点(或者利用液压实验台上的分组元件来搭建这个实验项目，观察组合机床滑台的实验情况)。

(1) 根据所给的回路图和电路图找出各元件，并按照图上设计的位置进行良好的固定。

(2) 根据回路图进行管路的连接，根据电路图进行电路的连接。

(3) 检查油路和电路是否正确。

(4) 打开电源，启动液压泵，观察运行情况，看是否与任务 11.1 的分析一致，对使用中遇到的问题进行分析与处理。

任务 11.3　故障分析与维修实例

1. 动力滑台安装完毕运行时，动力滑台不运动或者无快进

动力滑台系统不运动或无快进的故障分析与排除方法见表 1-11-4。

表 1-11-4　动力滑台不运动或无快进的故障原因及排除方法

现象：动力滑台安装完毕后，启动液压泵，按下启动按钮，发现液压缸不能带动动力滑台前进或快退		
故　障	原　因	排除方法
限压式变量泵有故障，泵不出油或输出流量不够，或者泵输出的油液压力不够甚至无压力	泵的旋转方向不对，泵吸不上油	改变电动机的旋转方向
	泵转速过低或过高，吸油不足	使泵的转速控制在规定范围内
	泵的吸油管漏气，造成吸油不足	修复吸油管
	油箱中的液压油太少，油面在过滤器以下，吸进空气使油路不畅	添加油液至油位计指定处
	泵的其他问题	查机修手册寻找原因，根据具体情况排除
电液换向阀或电磁换向阀有故障，电磁铁或电液换向阀无动作现象发生	电磁铁未通电或断电	检查电磁铁线圈及电路接线是否正确
	液动阀阀芯被卡住	修复液动阀阀芯
	电液换向阀的阻尼调节螺钉拧得过紧，使其内部节流阀处于关闭状态	重新调节阻尼螺钉
液压缸故障，液压缸无动作	液压缸安装不符合要求，费力，使缸无法动作	重新安装至合适
	液压缸密封调得过紧	重新调整，压紧密封圈，使缸工作灵活
	液压缸内有污物，使活塞卡住	清洗液压缸
滑台本身故障	滑台本身出现故障，无动作	查阅相关资料修复

2. 滑台能快进，但快进速度不能满足要求

滑台系统能快进但快进速度不能满足要求的故障分析与排除方法见表 1-11-5。

表 1-11-5　动力滑台快进速度不能满足要求的故障原因及排除方法

现象：液压泵工作后，按下启动按钮，滑台虽然能够快进，但快进速度不能满足要求		
故　障	原　因	排除方法
液压泵故障	泵的输出流量不足	可修复或更换液压泵
	液压缸两腔泄漏，造成推力不足	更换活塞密封圈
	液压缸安装费力，运动吃力	重新安装至合适

3. 滑台能正常快进，但不能由快进转为一工进

滑台能正常快进但不能由快进转为一工进的故障分析与排除方法见表 1-11-6。

表 1-11-6　滑台能正常快进但不能由快进转为一工进的故障原因及排除方法

现象：液压泵工作后，按下启动按钮，滑台实现快进，但当到达一工进位置时，滑台无变速现象发生		
故障	原　因	排除方法
行程挡块故障	行程挡块未被压下，行程挡块松脱或漏装	可压紧挡块或补装挡块
	顶压行程阀的挡块严重磨损或错位而不能完全压下行程阀，使快进油路不能彻底切换，无法降低速度	采用更换行程挡块的办法修复

4. 滑台无第二次工进

滑台无第二次工进的故障分析及排除方法见表 1-11-7。

表 1-11-7 滑台无第二次工进的故障及排除方法

现象：动力滑台安装后，启动液压泵，按下启动按钮，发现一工进结束后，无第二次工进发生		
故　障	原　因	排除方法
行程开关故障	一工进转为二工进的行程开关 SQ2 未被压下	检查调整行程开关至合适
电磁换向阀故障	二位二通电磁换向阀 10 未动作	检查相关的线圈、接线等是否正常，修复至合适
调速阀故障	调速阀 9 的开口太大	重新调整调速阀 9 的开度，使其比调速阀 8 的开度小
电磁换向阀故障	电磁换向阀 10 的复位弹簧强度过高，无法推动阀芯	更换弹簧

5. 滑台工进时有爬行或跳跃现象

滑台工进时有爬行或跳跃现象的故障分析及排除方法见表 1-11-8。

表 1-11-8 滑台工进时有爬行或跳跃现象的故障原因及排除方法

现象：动力滑台安装后，启动液压泵，按下启动按钮，发现滑台工进时有爬行或跳跃现象		
故　障	原　因	排除方法
液压系统故障	液压系统进入空气	利用排气装置排气
流量阀故障	流量阀的节流口处有污物，通油量不均匀	检修或清洗流量阀
液压缸故障	液压缸的密封圈压得过紧	调整压盖螺钉，使液压缸运动灵活且密封处不漏油
滑台故障	滑台导轨接触精度不高，摩擦力不均匀或润滑不足、不当	检修至合适

6. 滑台工进时力量不足或根本无压力

滑台工进时力量不足或根本无压力的故障分析及排除方法见表 1-11-9。

表 1-11-9 滑台工进时力量不足或无压力的故障原因及排除方法

现象：动力滑台安装后，启动液压泵，按下启动按钮，发现滑台工进时力量不足或无压力		
故　障	原　因	排除方法
液控顺序阀故障	液控顺序阀阀芯间隙过大，使泵输出的压力油部分泄漏，造成压力不足	修理或更换液控顺序阀

续表

故　障	原　因	排除方法
调速阀故障	调速阀的开口被完全堵塞或调解不当而关死，导致工进时无力推动液压缸	检修或调整调速阀
液压泵故障	液压泵输出的油液压力或流量不足	检修或更换液压泵

7. 滑台工进结束不能快速退回或不退回

滑台工进结束不能快速退回或不退回的故障分析及排除方法见表1-11-10。

表1-11-10　滑台工进结束不能快速退回或不退回的故障原因及排除方法

现象：动力滑台安装后，启动液压泵，按下启动按钮，发现滑台工进结束不能快速退回或不退回		
故　障	原　因	排除方法
压力继电器故障	压力继电器或时间继电器线圈断开或接线错误	调整修复、更换压力继电器或时间继电器
电液换向阀故障	电液换向阀阀芯被卡死，使其不能换向	修复电液换向阀

8. 振动与噪声

振动与噪声的故障分析及排除方法见表1-11-11。

表1-11-11　振动与噪声的故障原因及排除方法

现象：动力滑台安装后，启动液压泵，按下启动按钮，发现滑台运行过程中有振动与噪声		
故　障	原　因	排除方法
液压系统或机械故障	空气进入系统	采取排气措施消除故障
	导轨润滑不良及组合机床刚性差、精度低	根据具体情况修复

附：典型的组合机床动力滑台系统学习评价过程。

本实训项目的评价内容包含专业能力评价、方法能力评价及社会能力评价等。其中项目测试占30%、自我评价占10%、小组互评占10%、教师评价占30%、实训报告和答辩占20%，总计为100%，具体见表1-11-12。

表1-11-12　典型的组合机床动力滑台系统学习评价表

项目测试：(30%)专业能力评价　　　　得分：
1. 说明组合机床动力滑台系统快进时的控制油路和主油路。
2. 说明组合机床动力滑台系统二工进时的油路。
3. 指出组合机床动力滑台系统各阶段转换的触发信号是什么。
4. 分析动力滑台系统快进和工进时速度不稳定(各元件均未失效)的原因及排除方法(从调整的角度考虑)。

续表

5. 分析动力滑台系统工进时压力不足的原因及故障排除。 6. 分析滑台能正常快进,但不能由快进转为一工进的原因及故障排除。				
评定形式	比重	评定内容	评定标准	得分
自我评价	10%	1. 学习工作态度; 2. 出勤情况; 3. 任务完成情况	好(20),较好(16),一般(12),差(<12)	
小组互评	10%	1. 责任意识; 2. 交流沟通能力; 3. 团队协作精神	强(10),较强(8),一般(6),差(<6)	
教师评价	30%	1. 小组整体的学习状况; 2. 计划制订、执行情况; 3. 任务完成情况	强(30),较强(24),一般(18),差(<18)	
答辩成绩	20%	答辩题目		
成绩总计	100%	组长签字:	教师签字:	

9. 知识链接

(1) 三位四通换向阀的阀芯有3个工作位置。阀芯处于左位与右位时,使执行元件获得不同的运动方向;阀芯处于中位时,使执行元件停止运动。但不同的换向阀中位各油口的连通方式不同。中位机能是指换向阀里的滑阀处在中间位置或原始位置时阀中各油口的连通形式,体现了换向阀的控制机能。常用中位换向阀的中位机能如表1-11-13所示。

表 1-11-13 常用中位换向阀的中位机能

中位机能形式	结构原理图	图形符号	特 点
O型	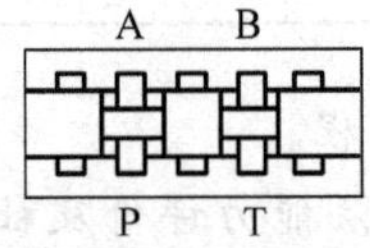 A B P T	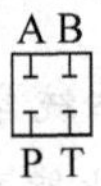 A B P T	各油口全封闭,使缸锁紧,泵不卸荷,不影响其他执行元件的工作,用于闭锁回路
M型	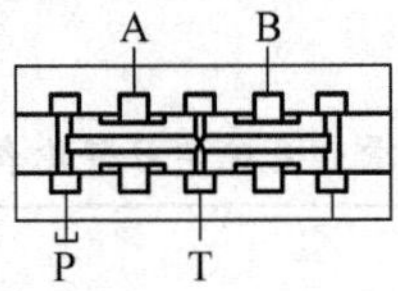 A B P T	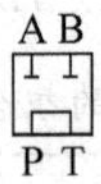 A B P T	进油口与回油口相通,使缸锁紧,泵卸荷,用于锁紧回路与卸荷回路(液压泵的全部油液在很低的压力下直接回油箱,为卸荷)
H型	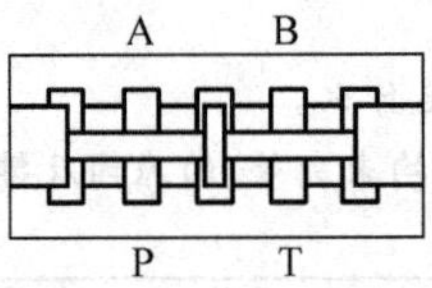 A B P T	 A B P T	各油口圈相通,泵卸荷,活塞在缸内浮动,用于卸荷回路

续表

中位机能形式	结构原理图	图形符号	特　点
Y 型	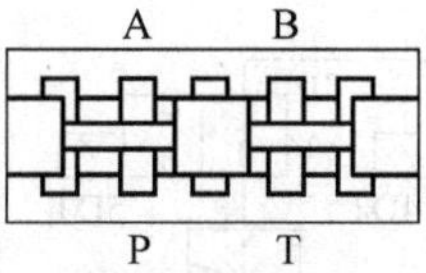		进油口封闭，缸两油口均与回油口相通，活塞在缸内浮动，泵不卸荷
P 型	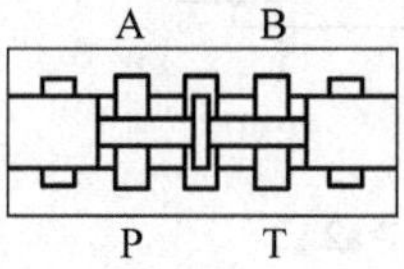		回油口封闭，进油口与缸两腔相通，泵不卸荷，用于差动连接

(2) 液压传动控制系统和气压传动控制系统一样，不论在何种机械设备上使用，不论多复杂的回路都是由一些基本的、常用的控制回路组成。根据控制对象不同，可以将这些液压传动基本回路分为：用于控制执行元件运动方向的方向控制回路和控制、调节执行元件运动速度的速度控制回路以及控制执行元件工作压力大小的压力控制回路。

液压回路的布局、元件的图示方法、编号规则以及回路绘制的基本原则都与气动回路的相同，可以参照气压传动的相关内容。

在设计液压控制回路时，与气动控制回路的主要不同点如下：

① 液体的黏性远高于空气，不适合远距离传递能量，一般每台液压设备都应单独配备液压泵进行供能。为避免造成过大的压力损失和保证较高的速度，液压控制回路不宜过于复杂。同时，液压控制回路也不便于实现远程控制，一般采用电气控制。

② 液压系统的工作压力要远远大于气动系统的工作压力，对元件和回路安全性的要求也更加严格。

③ 气动系统中的气体可以直接排入大气，液压系统的回油则必须通过管路接回油箱，管路数量也相应增加。所以回路设计应尽量简化，避免管路过于复杂。

④ 液压油一般可以认为是不可压缩的，液压系统对定位性能、速度稳定性等各方面的要求一般高于气压系统。

⑤ 液压油与压缩空气不同，它的黏度受温度的影响很大，这一点在进行液压系统设计时也是必不可少的考虑因素。

⑥ 气动系统的压缩空气通过储气罐输出，压力波动小，相当于电路中的恒压源；液压系统如果采用定量泵供油，输出流量恒定，相当于电路中的恒流源。在进行回路分析和设计时必须注意两者的区别。

10. 思考与练习

(1) 读懂图示液压系统原理图 1-11-8，填写表 1-11-14 并填空。

① 阀 3 在该液压系统中起________作用。

② 阀 4 的中位机能是________型，使其系统实现了________回路。

③ 该液压系统调速回路属于________节流调速回路。

④ 该液压系统的速度切换回路是________的二次进给回路。

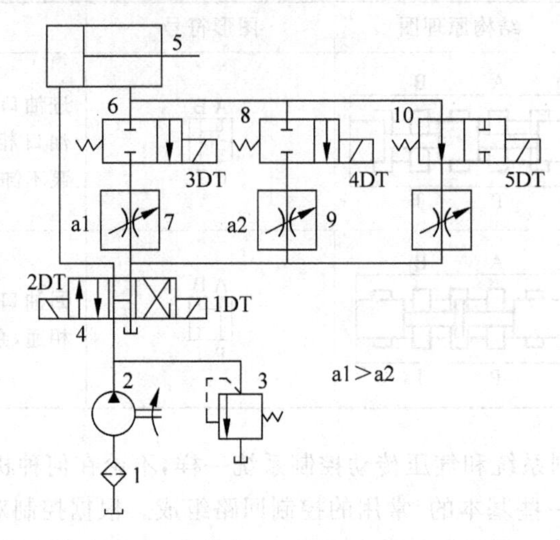

图 1-11-8 题(1)图

表 1-11-14 电磁铁动作顺序表(1)

液压缸电磁铁	1DT	2DT	3DT	4DT	5DT
快进					
一工进					
二工进					
快退					
停止					

(2) 读懂图 1-11-9,分析图示液压系统回路,试填写表 1-11-15(通电用+,断电用－)。

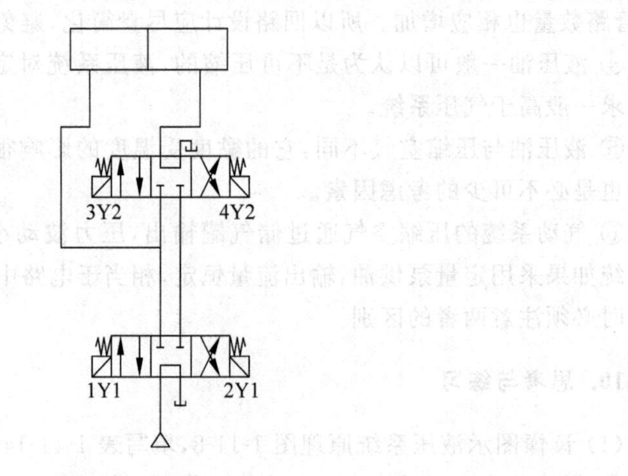

图 1-11-9 题(2)图

表 1-11-15 电磁铁动作顺序表(2)

液压缸电磁铁	1DT	2DT	3DT	4DT
快进				
工作				
快退				
停止卸荷				

第二篇

项目实践篇

项目 1

具有互锁的两地单独操作回路控制

学习目标

(1) 理解互锁的含义。

(2) 掌握具有互锁的两地单独操作回路控制原理。

(3) 能设计出具有互锁的多地单独操作回路控制图。

技能目标

(1) 会正确使用气动的相关设备。

(2) 根据控制系统回路图正确安装气动控制回路。

(3) 根据控制系统回路图正确安装电路控制回路。

(4) 会分析回路控制系统的动作过程。

(5) 学会根据故障现象分析故障原因。

任务 1.1 分析和搭建气动回路

1. 回路图

具有互锁的两地单独操作回路控制如图 2-1-1 所示。

2. 回路分析

1) 气动回路分析

采用具有互锁的两地单独操作控制回路，常态下双作用气缸活塞杆处于缩回状态；两地启动按钮任一按下，单电控二位五通换向阀电磁线圈得电，双作用气缸伸出，保持伸出状态，只有按下对应的停止按钮，气缸才能缩回。另外，当不按“两地”启动按钮或同时按下“两地”启动按钮气缸都不动作。

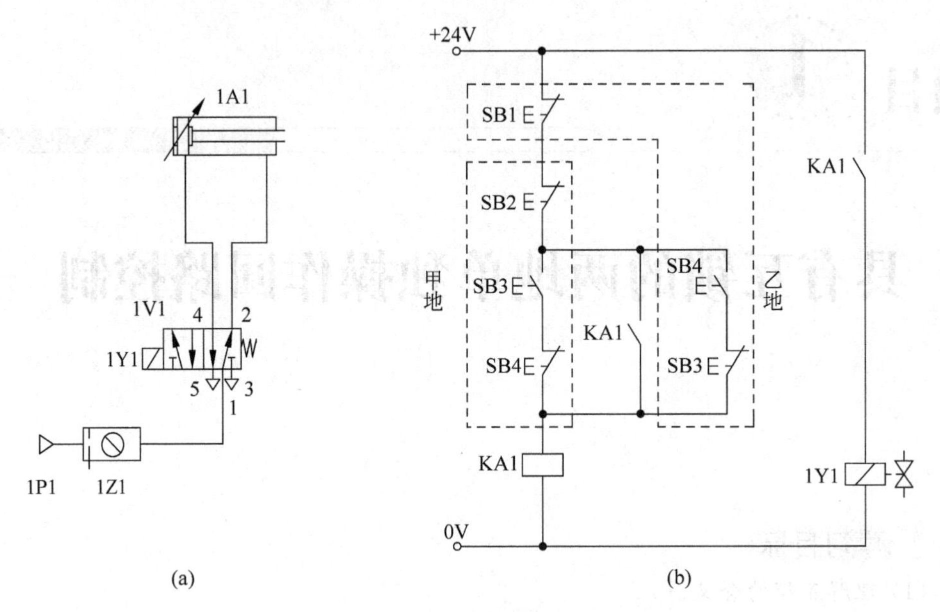

图 2-1-1　具有互锁的两地单独操作回路控制

(a) 气动回路；(b) 电控回路

2）电路控制分析

（1）按钮互锁部分

如图 2-1-2 所示，按下启动按钮 SB3，SB3 常开触点合上，常闭触点断开，此时支路①得电，支路②失电；按下启动按钮 SB4，SB4 常开触点合上，常闭触点断开，此时支路②得电，支路①失电。按钮 SB3、SB4 实现了互锁，这种利用机械元件实现互锁的功能，称为机械互锁。

（2）两地单独操作控制部分回路分析

如图 2-1-1 所示，在甲、乙两地均可控制电磁阀线圈 1Y1。其中 SB3、SB2 为安装在甲地的启动按钮和停止按钮；SB4、SB1 为安装在乙地的启动按钮和停止按钮。线路的特点是：两地的启动按钮 SB3、SB4 并联接在一起；停止按钮 SB1、SB2 串联接在一起。这样就可以分别在甲、乙两地控制电磁阀线圈 1Y1 的得电和断电，达到操作方便的目的。这种在两地都可以控制电磁阀线圈通断的方式，称为两地控制。对三地或多地控制，只要把各地的启动按钮并接、停止按钮串接就可以实现。

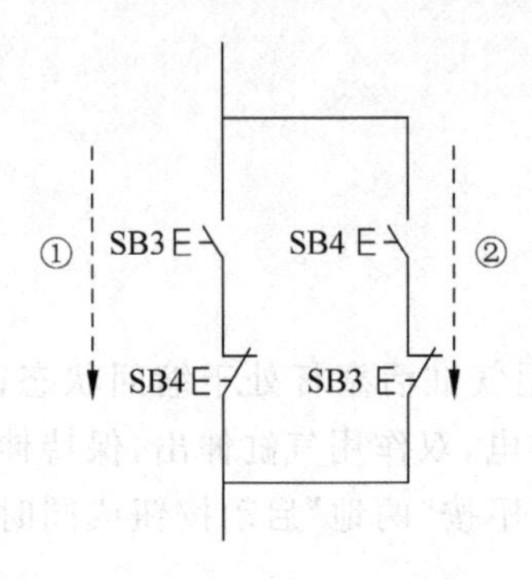

图 2-1-2　互锁部分的回路

（3）系统工作过程

按下甲地的启动按钮 SB3（或乙地的启动按钮 SB4），KA1 线圈得电，KA1 常开触点闭合自锁且接通电磁阀线圈 1Y1，1Y1 得电动作，使得气缸活塞杆伸出，且保持在伸出位置状态。

按下甲地的停止按钮 SB2（或乙地的停止按钮 SB1），KA1 线圈失电，KA1 常开触点断开，电磁阀线圈失电，1Y1 电磁阀阀芯在弹簧的作用下复位，气缸活塞杆在弹簧的作用下缩回，保持在缩回状态。

3. 工具器件

工具器件包括气动实训台、气泵、二联件或三联件、气管、内六角扳手和剪刀等,元件如表 2-1-1 所列。根据实训场所使用的元件将型号/规格填写在表 2-1-1 中。

表 2-1-1 元件型号/规格记录表

序号	符 号	元 件 名 称	型号/规格	数量
1	1A1	双作用气缸		1
2	1V1	单电控二位五通换向阀		1
3	SB1、SB2、SB3、SB4	按钮		4
4	KA1	继电器		1
5	1Z1	气动三联件		1
6	1P1	气源		1

4. 搭建

1) 步骤

(1) 找出表 2-1-1 中的各元件,检查是否良好。

(2) 按照图 2-1-1 所示元件的位置固定好元件。

(3) 根据回路图进行管路连接,并固定好管路,如图 2-1-3 所示。

图 2-1-3 具有互锁的两地单独操作回路控制装配实物

(4) 确认连接正确和可靠后,打开气源运行系统,根据电路图 2-1-1(b),分别按下甲、乙两地的启动按钮 SB3 或 SB4,看气缸活塞杆是否伸出;再同时按下或不按下甲、乙两地的启动按钮 SB3、SB4,看气缸活塞杆是否动作;分别按下甲、乙两地的停止按钮 SB1、SB2,看气缸活塞杆是否缩回;同时按下或不按下甲、乙两地的停止按钮 SB1、SB2,看气缸活塞杆是否不动。

(5) 小组或教师评价后,关闭气源。

2）工艺要求

(1) 元件安装要牢固，不能出现松动。

(2) 管路连接要可靠，气管插入插头要到底。

(3) 管路走向要合理，避免管路过度交叉。

3）注意事项

(1) 熟悉实训设备(气源的开关、气压的调整、管路的连接等)的使用方法。

(2) 检查所有气管是否有破损、老化，气管口是否平整。

(3) 打开气源时，手握气源开关观察一段时间，防止因管路没接好被打出。

(4) 打开气源观察、记录回路运行情况，对设备使用中出现的问题进行分析和解决。

(5) 完成操作后及时关闭气源。

4）评分标准(见表 2-1-2)

表 2-1-2　评分标准表

序号	评价指标	评价内容	分值	小组评分	教师评分	备注
1	元件安装	元件安装不牢固，扣 3 分/只	10 分			
		元件选用错误，扣 5 分/只				
		漏接、脱落、漏气，扣 2 分/处				
2	布线	布局不合理，扣 2 分/处	10 分			
		长度不合理，扣 2 分/根				
		没有绑扎或绑扎不到位，扣 2 分/处				
3	通气	通气不成功，扣 5 分/次	10 分			
		不能实现两地互锁，扣 3 分/处				
4	文明实训	没有条理地摆放工具、器件，扣 6 分	10 分			
		完成后没有及时清理工位，扣 4 分				
合计			40 分			

5. 思考与练习

(1) 根据具有互锁的两地单独操作控制回路分析表 2-1-3 中元件的作用。

表 2-1-3　控制回路中元件作用

序号	符号	元件名称	元件作用
1	1A1	双作用气缸	
2	1V1	单电控二位五通换向阀	
3	SB1	按钮	
4	SB2	按钮	
5	SB3	按钮	
6	SB4	按钮	
7	KA1	继电器	
8	1Z1	气动三联件	
9	1P1	气源	

(2) 回顾具有互锁的两地单独操作的工作原理,能否将机械互锁改为电气互锁?

(3) 设想具有互锁的三地单独操作如何实现。

(4) 在具有互锁的两地单独操作回路控制中主控阀使用的是二位五通换向阀,能否改用二位三通换向阀?为什么?

任务1.2　排除故障

1. 故障设置

由小组成员或教师设置1～3处电路、气路故障,如不能启动、不能实现互锁、不能实现自锁、气缸不能伸出或不能缩回等(设置气路不通可使用透明胶挡住气管、改变进出气口等方法)。

2. 观察故障现象并分析故障原因

故障现象、原因及查找步骤见表2-1-4。

表2-1-4　故障现象、原因及查找步骤

故障序号	故障现象	分析原因	查找步骤	故障点
1				
2				
3				

3. 排除故障恢复功能

根据现象分析和查找步骤对故障点进行逐一排查,恢复系统功能。再根据任务1.1的要求调试好系统。

4. 注意事项

(1) 在设置故障和排除故障时,必须在关闭气源状态下进行。

(2) 绝不允许在通气状态下插拔气管。

(3) 在检查回路时,发生漏气现象要及时关闭气源。

(4) 在排查故障时,不能扩大故障点,不能损坏元件。

(5) 完成排故后,及时关闭气源、拆下管路并将元件放回原位。

5. 评分标准

评分标准见表2-1-5。

表 2-1-5 评分标准

故障序号	评价内容	分值	小组评分	教师评分	时间
1	分析错误,扣3分/处	10分			
	判断故障点错误,扣5分/处				
	使用检测手段错误,扣3分/处				
	通气情况下插拔气管,扣5分/次				
	损坏元件,扩大故障点,扣5分/处				
2	分析错误,扣3分/处	10分			
	判断故障点错误,扣5分/处				
	使用检测手段错误,扣3分/处				
	通气情况下插拔气管,扣5分/次				
	损坏元件,扩大故障点,扣5分/处				
3	分析错误,扣3分/处	10分			
	判断故障点错误,扣5分/处				
	使用检测手段错误,扣3分/处				
	通气情况下插拔气管,扣5分/次				
	损坏元件,扩大故障点,扣5分/处				
合计		30分			

任务1.3 具有互锁的三地单独控制回路设计

1. 任务分析

任意按下三地启动按钮→气缸伸出→保持在伸出位置→按下任意停止按钮→气缸缩回,返回在原始位置结束。

2. 元件选择

(1) 执行元件的选择:其根据任务对机构运动、所需力的大小和行程长短的要求来决定。实训时设计没有具体要求,只考虑实训的条件对执行元件选择为双作用气缸;为了避免气缸活塞在执行时造成较大的冲击力,在气缸的输入/输出口接入两只可调单向节流阀。

(2) 换向阀的选择:根据任务要求执行元件为双作用气缸,要求采用电磁控制,所以换向阀选择单电控二位五通换向阀即可。

(3) 在实训设计中,对负载、速度和气泵等方面不予考虑。

3. 画回路图

画出设计具有互锁的三地单独控制回路气动控制图和电路控制回路图。

具有互锁的三地单独控制回路气动控制图

具有互锁的三地单独控制回路电路图

4. 搭建回路

搭建具有互锁的三地单独控制回路气动回路及电路回路。

搭建、调试成功后完成元件表 2-1-6 要填写的内容。

表 2-1-6　元件名称、符号及作用

序号	系统组成	元件名称	符　号	元 件 作 用
1	执行元件			
2	控制元件			
3	互锁部分			
4				
5				
6	单独控制部分			
7				
8				
9	其他			
10				

5. 评分标准

评分标准见表 2-1-7。

表 2-1-7　评分标准

序号	评价指标	评 价 内 容	分值	小组评分	教师评分	备注
1	回路设计	执行元件设计正确，得 2 分	12 分			
		控制元件设计正确，得 2 分				
		互锁部分设计正确，得 4 分				
		单独控制部分设计正确，得 4 分				
2	搭建调试	回路搭建正确，得 5 分	8 分			
		调试正确，得 3 分				
合　计			20 分			

6. 思考与练习

(1) 比较具有互锁的两地单独控制回路和具有互锁的三地单独控制回路的特点。

(2) 思考设计具有互锁的三地单独控制回路。

项目总成绩

序号	任　务	配分	得分	权重	最后得分	备　注
1	分析和搭建气动回路	40 分				
2	排除故障	30 分				
3	气、电回路设计	20 分				
4	文明实训	10 分				
合　计		100 分				

项目 2

延时返回的单往复回路控制

学习目标

(1) 了解气动延时阀在气动控制中的应用。

(2) 掌握气动控制延时返回的单往复回路控制原理。

(3) 能设计出电气控制延时返回的单往复回路控制图。

技能目标

(1) 会正确使用气动的相关设备。

(2) 根据控制系统回路图会正确安装气动控制回路。

(3) 会分析回路控制系统的动作过程。

(4) 学会根据故障现象分析故障原因。

任务 2.1　分析和搭建气动回路

1. 气动回路图

延时返回的单往复气动回路如图 2-2-1 所示。

2. 回路分析

1) 信号输入部分

系统的启动必须是气缸活塞在回缩位置上按下手动换向阀,这两个信号是逻辑“与”的关系,所以可以通过图 2-2-2(a)所示用双压阀(与门型)实现。这种逻辑关系也可以通过图 2-2-2(b)所示将两信号串联来实现。

2) 延时部分

当气缸活塞伸出到位时,用于检测气缸活塞是否到位的检测元件便输出信号控制气

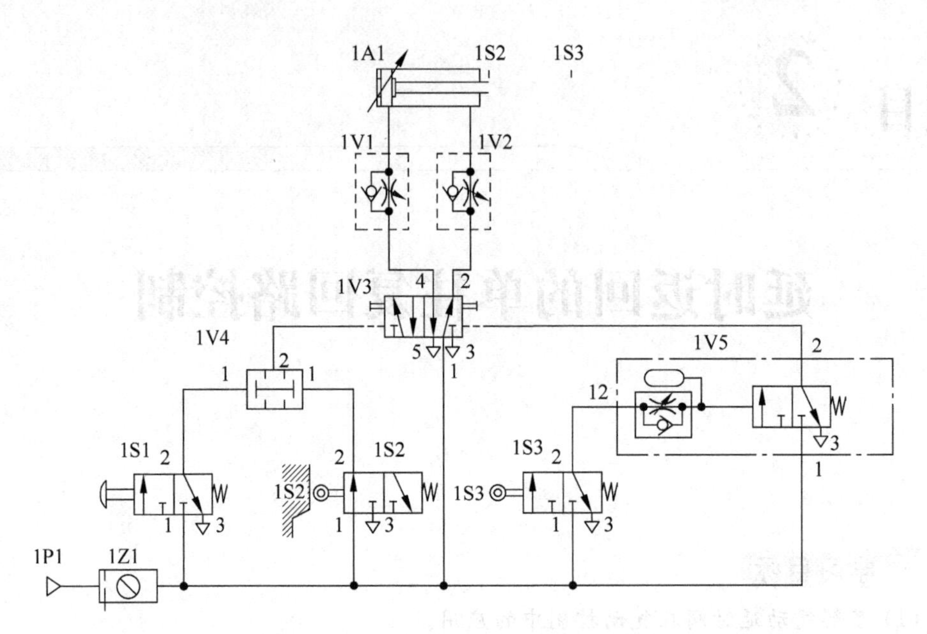

图 2-2-1 延时返回的单往复气动回路

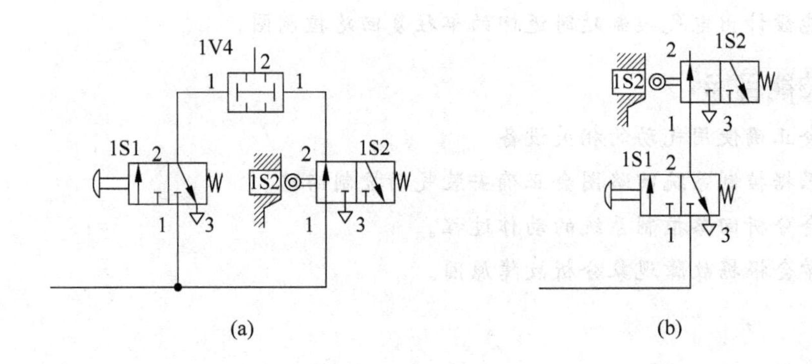

图 2-2-2 输入回路

(a) 两信号并联；(b) 两信号串联

缸活塞返回,但系统要求延时返回。所以将到位信号输送给延时阀,再由延时阀延时一段时间后驱动主控阀,如图 2-2-3 所示。

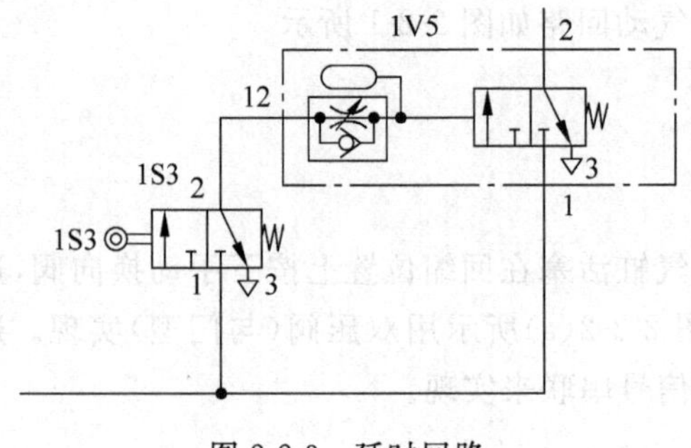

图 2-2-3 延时回路

3）动作示意图

① 系统启动（按下1S1），动作顺序如下：

按下1S1、1S2动作 ⟶ 1V4输出 ⟶ 1V3换向 ⟶ {1A1活塞伸出；1S2复位 ⟶ 1V4无输出}

② 延时部分（气缸活塞伸出到位），动作顺序如下：

1S3动作 ⟶ 1V5开始延时 —设定时间到⟶ 1V5输出 ⟶ 1V3换向 ⟶ 1A1活塞缩回

③ 系统复位（气缸活塞缩回），动作顺序如下：

1S3复位 ⟶ 1A1活塞缩回到位 ⟶ 1S2动作（为下一次启动做准备）

3. 工具器件

工具器件包括气动实训台、气泵、二联件或三联件、气管、内六角扳手和剪刀等，元件如表2-2-1。根据实训实际所使用的元件将型号或规格填写在表2-2-1中。

表2-2-1 元件型号或规格

序号	符　号	元件名称	型号/规格	数　量
1	1A1	双作用气缸		1
2	1V1、1V2	可调单向节流阀		2
3	1V3	双电控二位五通换向阀		1
4	1V4	与门型梭阀		1
5	1V5	延时阀，常开式		1
6	1S1	手动二位三通换向阀		1
7	1S2、1S3	滚轮杠杆换向阀		2
8	1Z1	二联件		1
9	1P1	气源		1

4. 搭建

1）步骤

(1) 找出表2-2-1中的各元件，检查是否良好。

(2) 按照图2-2-1所示元件的位置固定好元件。

(3) 根据回路图进行管路连接，并固定好管路，如图2-2-4所示。

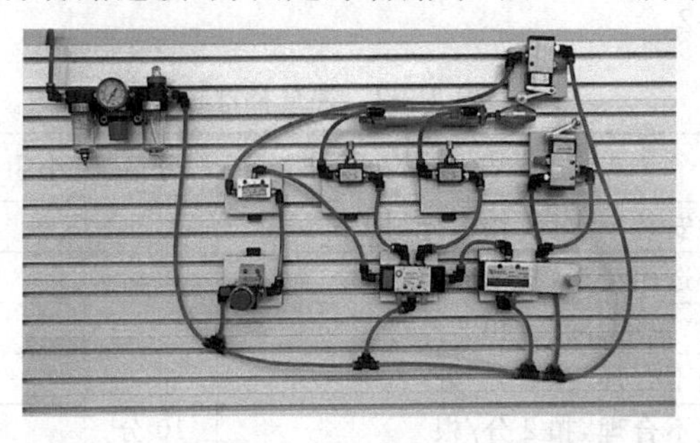

图2-2-4 延时返回的单往复回路控制装配实物

(4) 确认连接正确、可靠后，打开气源运行系统，根据状态图(图 2-2-5)，调试回路实现状态图功能，并算出气缸伸出所需时间________s，气缸伸出后延长________s，气缸缩回所需时间________s。

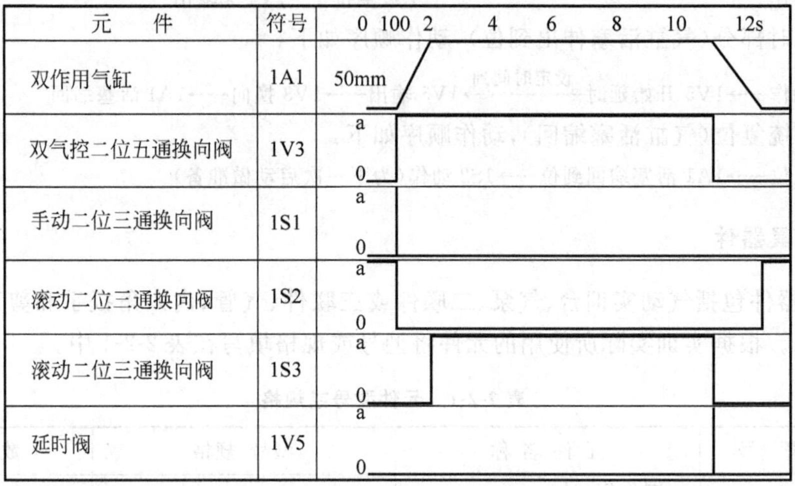

元　　件	符号	0 100 2 4 6 8 10 12s
双作用气缸	1A1	50mm
双气控二位五通换向阀	1V3	a 0
手动二位三通换向阀	1S1	a 0
滚动二位三通换向阀	1S2	a 0
滚动二位三通换向阀	1S3	a 0
延时阀	1V5	a 0

图 2-2-5　延时返回的单往复回路状态图

(5) 小组或教师评价后关闭气源，完成下一任务。

2) 工艺要求

(1) 元件安装要牢固，不能出现松动。

(2) 管路连接要可靠，气管插入气口要到底。

(3) 管路走向要合理，避免管路过度交叉。

3) 注意事项

(1) 熟悉实训设备(气源的开关、气压的调整、管路的连接等)的使用方法。

(2) 检查所有气管是否有破损、老化，气管口是否平整。

(3) 打开气源时，手握气源开关观察一段时间，防止因管路没接好被打出。

(4) 打开气源观察，记录回路运行情况，对设备使用中出现的问题进行分析和解决。

(5) 完成操作后及时关闭气源。

4) 评分标准

评分标准见表 2-2-2。

表 2-2-2　评分标准

序号	评价指标	评价内容	分值	小组评分	教师评分	备注
1	元件安装	元件安装不牢固，扣 3 分/只	10 分			
		元件选用错误，扣 5 分/只				
		漏接、脱落、漏气，扣 2 分/处				
2	布线	布局不合理，扣 2 分/处	10 分			
		长度不合理，扣 2 分/根				
		没有绑扎或绑扎不到位，扣 2 分/处				

续表

序号	评价指标	评 价 内 容	分值	小组评分	教师评分	备注
3	通气	通气不成功，扣 5 分/次	10 分			
		时间调试不正确，扣 3 分/处				
4	文明实训	没有条理地摆放工具、器件，扣 6 分	10 分			
		完成后没有及时清理工位，扣 4 分				
合　计			40 分			

5. 思考与练习

(1) 根据延时返回的单往复控制回路分析表 2-2-3 中的元件作用。

表 2-2-3　延时返回的单往复控制回路中元件作用

序号	符号	元 件 名 称	元 件 作 用
1	1A1	双作用气缸	
2	1V1	可调单向节流阀	
3	1V2	可调单向节流阀	
4	1V3	双气控二位五通换向阀	
5	1V4	与门型梭阀	
6	1V5	延时阀，常开式	
7	1S1	手动二位三通换向阀	
8	1S2	滚轮杠杆换向阀	
9	1S3	滚轮杠杆换向阀	
10	1Z1	二联件	
11	1P1	气源	

(2) 回顾气动延时阀的工作原理，请测试在实训中的气动延时阀最长能延时多长时间(不能调得太小，在这种情况下这个时间不好测)。

(3) 设想将回路中气动延时阀改换成电控延时控制。

(4) 在延时返回的单往复回路控制中主控阀使用的是二位五通换向阀，能否改用二位三通换向阀？为什么？

(5) 延时返回的单往复回路控制的信号输入改用图 2-2-2(b)，观察回路有何变化。

任务 2.2　排 除 故 障

1. 故障设置

由小组成员或教师设置 1～3 处气路故障，如不能启动、不能延时、气缸伸出或缩回太快不能调节、气缸不能伸出或不能返回等(设置气路不通可使用透明胶挡住气管、改变进出气口等方法)。

2. 观察故障现象并分析故障原因

将观察到的故障现象及原因等填入表 2-2-4 所列的记录表中。

表 2-2-4 数据记录表

故障序号	故障现象	分 析 原 因	查 找 步 骤	故障点
1				
2				
3				

3. 排除故障恢复功能

根据现象分析和查找步骤对故障点进行逐一排查,恢复系统功能。再根据任务 2.1 的要求调试好系统。

4. 注意事项

(1) 在设置故障和排除故障时,必须在关闭气源状态下进行。
(2) 绝不允许在通气状态下插拔气管。
(3) 在检查回路时,发生漏气现象要及时关闭气源。
(4) 在排查故障时,不能扩大故障点,不能损坏元件。
(5) 完成排故后及时关闭气源,拆下管路和元件放回原位。

5. 评分标准

评分标准见表 2-2-5。

表 2-2-5 评分标准

<table>
<tr><th>故障序号</th><th>评 价 内 容</th><th>分值</th><th>小组评分</th><th>教师评分</th><th>时间</th></tr>
<tr><td rowspan="5">1</td><td>分析错误,扣 3 分/处</td><td rowspan="5">10 分</td><td></td><td></td><td rowspan="5"></td></tr>
<tr><td>判断故障点错误,扣 5 分/处</td><td></td><td></td></tr>
<tr><td>使用检测手段错误,扣 3 分/处</td><td></td><td></td></tr>
<tr><td>通气情况下插拔气管,扣 5 分/次</td><td></td><td></td></tr>
<tr><td>损坏元件,扩大故障点,扣 5 分/处</td><td></td><td></td></tr>
<tr><td rowspan="5">2</td><td>分析错误,扣 3 分/处</td><td rowspan="5">10 分</td><td></td><td></td><td rowspan="5"></td></tr>
<tr><td>判断故障点错误,扣 5 分/处</td><td></td><td></td></tr>
<tr><td>使用检测手段错误,扣 3 分/处</td><td></td><td></td></tr>
<tr><td>通气情况下插拔气管,扣 5 分/次</td><td></td><td></td></tr>
<tr><td>损坏元件,扩大故障点,扣 5 分/处</td><td></td><td></td></tr>
</table>

续表

故障序号	评 价 内 容	分值	小组评分	教师评分	时间
3	分析错误,扣 3 分/处	10 分			
	判断故障点错误,扣 5 分/处				
	使用检测手段错误,扣 3 分/处				
	通气情况下插拔气管,扣 5 分/次				
	损坏元件,扩大故障点,扣 5 分/处				
合 计		30 分			

任务 2.3 双电控延时返回的单往复控制回路设计

1. 任务分析

执行元件在原始位置上接到执行信号→气缸伸出→伸出到位后延时一段时间→气缸缩回→停留在原始位置结束。

2. 元件选择

1）执行元件的选择

根据任务对机构运动、所需力的大小和行程的长短的要求来决定。在实训中的设计只考虑实训的条件,对执行元件选择为双作用气缸；为了避免气缸活塞在执行时造成较大的冲击力,在气缸的输入/输出口接入两只可调单向节流阀。

2）主控换向阀的选择

根据任务要求执行元件为双作用气缸的两个位置的控制,并要求采用电磁控制。所以主控换向阀选择双电控二位五通换向阀。

3）信号输入部分的选择

根据任务要求采用双电控换向阀,且在系统启动时执行元件必须在原始位置。所以在气缸的缩回位置上装有磁性开关检测缩回信号,系统启动使用手动按钮,两信号间采用串联来实现逻辑“与”功能去控制继电器线圈,再由继电器触点来控制主控阀伸出的电磁阀线圈——实现气缸活塞伸出。

4）延时部分的选择

根据任务要求采用电控延时,当伸出到位后延时返回。所以伸出到位时采用磁性开关检测伸出信号来控制时间继电器线圈,再由时间继电器延时触点来控制主控阀缩回电磁线圈——实现气缸活塞缩回。

在实训设计中,对负载、速度和气泵等方面不予考虑。

3. 画回路控制图

画出设计双电控延时返回的单往复回路控制图。

双电控延时返回的单往复回路控制图

4. 搭建回路

搭建双电控延时返回的单往复控制回路，搭建调试成功后完成元件表 2-2-6 所要填写的内容。

表 2-2-6　回路中元件名称、符号和元件作用

序号	系统组成	元件名称	符号	元件作用
1	执行元件			
2	主控元件			
3	输入部分			
4				
5				
6				
7	延时部分			
8				
9				
10	其他			
11				

5. 评分标准

评分标准见表 2-2-7。

表 2-2-7　评分标准

序号	评价指标	评价内容	分值	小组评分	教师评分	备注
1	回路设计	执行元件设计正确,得2分	12分			
		主控元件设计正确,得2分				
		输入部分设计正确,得4分				
		延时部分设计正确,得4分				
2	搭建调试	回路搭建正确,得5分	8分			
		调试正确,得3分				
		合　　计	20分			

6. 思考与练习

(1) 比较双气控和双电控延时返回的单往复控制回路的特点。

(2) 思考设计双电控连续往复控制回路。

项目总成绩

序号	任　　务	配分	得分	权重	最后得分	备　注
1	分析和搭建气动回路	40分				
2	排除故障	30分				
3	气、电回路设计	20分				
4	文明实训	10分				
合　　计		100分				

项目 3

采用双电控电磁阀的连续往复回路控制

学习目标

(1) 了解双电控电磁阀在气动控制中的应用。
(2) 掌握双电控电磁阀往复回路控制原理。
(3) 能设计出双缸单电气控制的循环控制回路图。

技能目标

(1) 会正确使用气动的相关设备。
(2) 根据控制系统回路图会正确安装气动控制回路。
(3) 会分析控制系统回路图动作过程。
(4) 学会根据故障现象分析故障原因。

任务 3.1　分析和搭建气动回路

1. 回路图

双电控电磁阀的连续往复回路如图 2-3-1 所示。

2. 回路分析

1) 往返运动部分

系统的往返运动是通过行程开关来实现的,如图 2-3-1 所示,SQ1 和 SQ2 是在气缸两端位置的行程开关,当气缸回缩时 SB1 动作,气缸伸出到位时 SB2 动作。

系统启动后,如图 2-3-2 所示,由于 SQ1 处在动作状态,SQ1 常闭触点闭合,支路(1)导通,KA2 线圈得电,气缸伸出,一旦伸出 SQ1 复位,KA2 线圈失电,但由于采用了双电控换向阀,气缸继续伸出;当伸出到位后 SQ2 动作,SQ2 常闭触点闭合,支路(2)导通,KA3 线圈得电,气缸缩回, SQ2 复位,KA3 线圈失电,直到气缸缩回到位使得 SQ1 动作,又重新开始做循环运动。

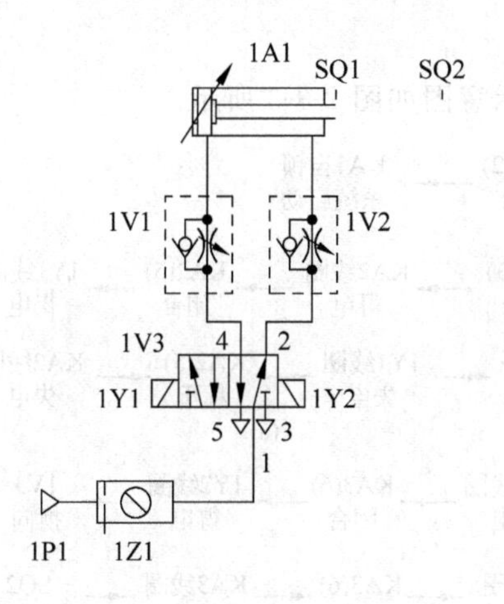

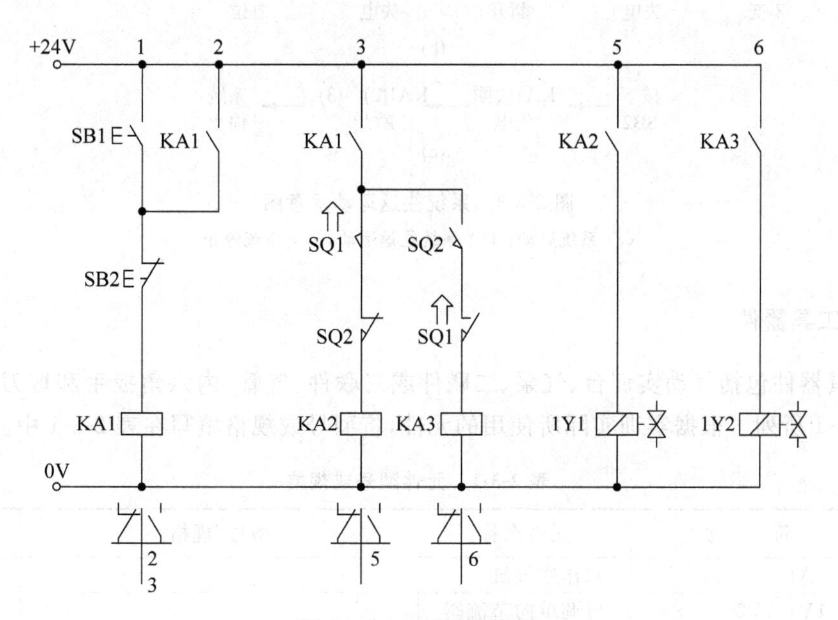

图 2-3-1　电路控制回路

(a) 气动回路；(b) 电控回路

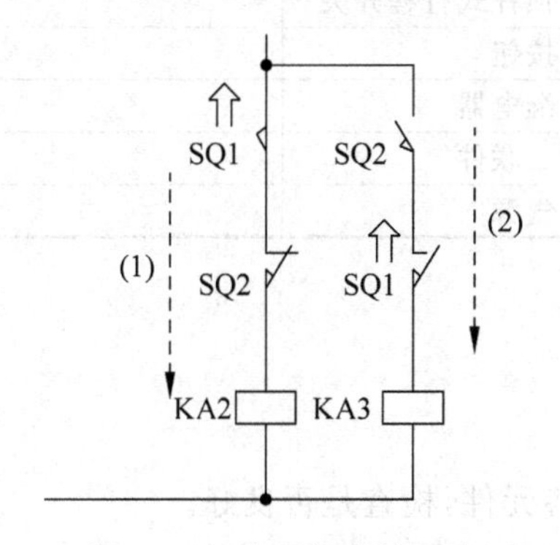

图 2-3-2　往返部分的回路

2）动作过程

系统往返运动过程的示意图如图 2-3-3 所示。

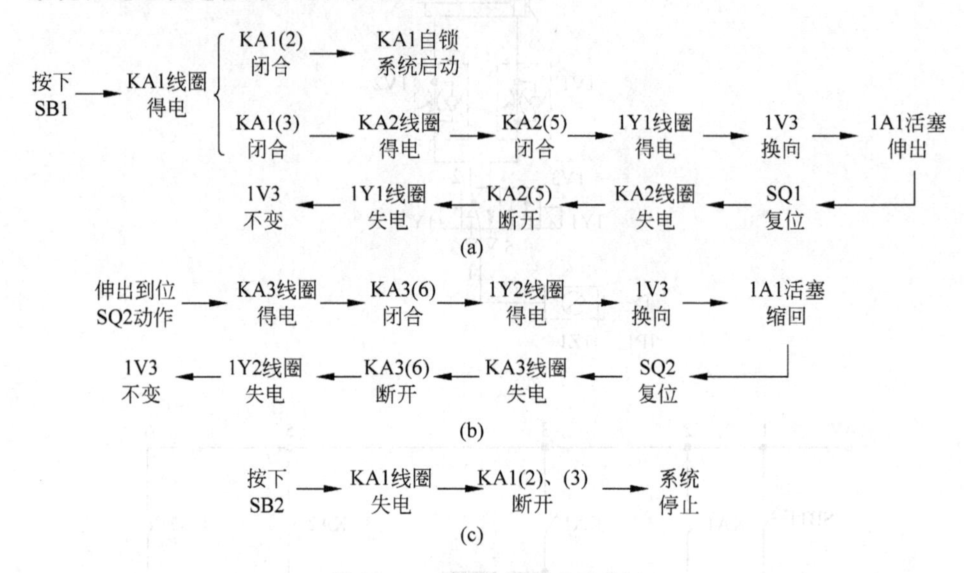

图 2-3-3 系统往返运动示意图

(a) 系统启动；(b) 系统往返运动；(c) 系统停止

3. 工具器件

工具器件包括气动实训台、气泵、二联件或三联件、气管、内六角扳手和剪刀等，元件如表 2-3-1 所列。根据实训实际所使用的元件，将型号或规格填写在表 2-3-1 中。

表 2-3-1 元件型号或规格

序号	符　号	元件名称	型号/规格	数量
1	1A1	双作用气缸		1
2	1V1、1V2	可调单向节流阀		2
3	1V3	二位五通换向阀		1
4	1S1、1S2	顶杆式行程开关		2
5	SB1、SB2	按钮		2
6	KA1、KA2、KA3	继电器		3
7	1Z1	二联件		1
8	1P1	气源		1

4. 搭建

1）步骤

(1) 找出表 2-3-1 中的各元件，检查是否良好。

(2) 按照图 2-3-1 所示元件的位置固定好元件。

(3) 根据回路图进行管路连接，并固定好管路，如图 2-3-4 所示。

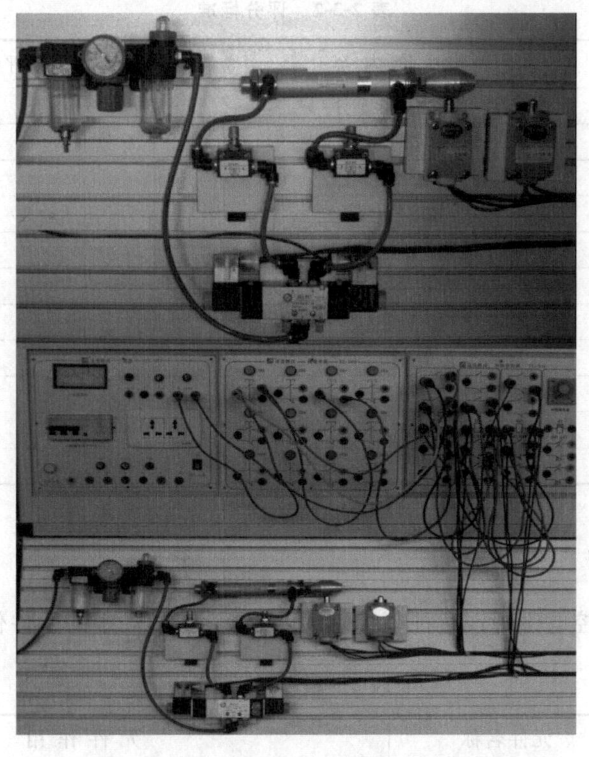

图 2-3-4　双电控电磁阀连续往复回路控制装配实物

(4) 根据电路回路图进行电路连接,注意不要出现短路。

(5) 确认连接正确、可靠后,打开气源运行系统,观察系统运行情况,调整单向节流阀,使得气缸伸出与返回速度频率控制适当。

(6) 小组或教师评价后关闭气源,完成下一任务。

2) 工艺要求

(1) 元件安装要牢固,不能出现松动。

(2) 管路连接要可靠,气管插入气口要到底。

(3) 管路走向要合理,避免气管乱飞舞。

(4) 电路连接要安全避免短路、断路。

(5) 电路连接要合理,避免多接头,互相交叠。

3) 注意事项

(1) 熟悉实训设备(气源的开关、气压的调整、管路的连接等)的使用方法。

(2) 检查所有气管是否有破损、老化,气管口是否平整。

(3) 打开气源时,手握气源开关观察一段时间,防止因管路没接好被打出。

(4) 打开气源观察,记录回路运行情况,对设备使用中出现的问题进行分析和解决。

(5) 完成操作后,及时关闭气源。

4) 评分标准

评分标准见表 2-3-2。

表 2-3-2 评分标准

序号	评价指标	评价内容	分值	小组评分	教师评分	备注
1	元件安装	元件安装不牢固,扣3分/只	10分			
		元件选用错误,扣5分/只				
		漏接、脱落、漏气,扣2分/处				
2	布线	布局不合理,扣2分/处	10分			
		长度不合理,扣2分/根				
		没有绑扎或绑扎不到位,扣2分/处				
3	通气	通气不成功,扣5分/次	10分			
		时间调试不正确,扣3分/处				
4	文明实训	没有条理地摆放工具、器件,扣6分	10分			
		完成后没有及时清理工位,扣4分				
		合计	40分			

5. 思考与练习

(1) 根据双电控电磁阀连续往复控制回路分析表 2-3-3 中的元件作用。

表 2-3-3 元件作用

序号	符号	元件名称	元件作用
1	1A1	双作用气缸	
2	1V1	可调单向节流阀	
3	1V2	可调单向节流阀	
4	1V3	三位五通换向阀	
5	1S1	行程开关	
6	1S2	行程开关	
7	1Z1	二联件	
8	1P1	气源	

(2) 回顾双电控电磁阀的工作原理。

(3) 设想将回路中行程开关改换成磁感应式接近开关控制。

(4) 在电路控制原理图 2-3-1 中 KA1 使用了两个常开触点(实验台中可能只有一个),现将其改成只用一个 KA1 的常开触点,问是否能完成此项任务?并画出原理图。

任务 3.2 排除故障

1. 故障设置

由小组成员或教师设置 1~3 处电、气路故障,如不能启动、不能连续往复、气缸伸出或缩回太快不能调节、气缸不能伸出或不能返回等(设置气路不通可使用透明胶挡住气管、改变进出气口等方法）。

2. 观察故障现象并分析故障原因

将观察到的故障现象和分析的原因等填入表 2-3-4 中。

表 2-3-4　故障现象和分析的原因

故障序号	故障现象	分 析 原 因	查 找 步 骤	故障点
1				
2				
3				

3. 排除故障恢复功能

根据故障现象分析和查找步骤对故障点进行逐一排查，恢复系统功能。再根据任务 3.1 的要求调试好系统。

4. 注意事项

（1）在设置故障和排除故障时，必须在关闭气源状态下进行。

（2）绝不允许在通气状态下插拔气管。

（3）在检查回路时，发生漏气现象要及时关闭气源。

（4）在排查故障时，不能扩大故障点，不能损坏元件。

（5）完成排故后，及时关闭气源，拆下管路和元件放回原位。

5. 评分标准

评分标准见表 2-3-5。

表 2-3-5　评分标准

故障序号	评 价 内 容	分值	小组评分	教师评分	时间
1	分析错误，扣 3 分/处	10 分			
	判断故障点错误，扣 5 分/处				
	使用检测手段错误，扣 3 分/处				
	通气情况下插拔气管，扣 5 分/次				
	损坏元件，扩大故障点，扣 5 分/处				
2	分析错误，扣 3 分/处	10 分			
	判断故障点错误，扣 5 分/处				
	使用检测手段错误，扣 3 分/处				
	通气情况下插拔气管，扣 5 分/次				
	损坏元件，扩大故障点，扣 5 分/处				

续表

故障序号	评 价 内 容	分值	小组评分	教师评分	时间
3	分析错误,扣 3 分/处	10 分			
	判断故障点错误,扣 5 分/处				
	使用检测手段错误,扣 3 分/出				
	通气情况下插拔气管,扣 5 分/次				
	损坏元件,扩大故障点,扣 5 分/处				
合　　计		30 分			

任务 3.3　双缸单电控循环控制回路设计

1. 任务分析

执行元件在原始位置上接到执行信号→A 气缸伸出→B 气缸伸出→A 气缸缩回→B 气缸缩回→停留在原始位置结束。

2. 元件选择

1）执行元件的选择

根据任务对机构运动、所需力的大小和行程的长短要求来决定。实训时不予考虑,只考虑实训的条件对执行元件选择为双作用气缸；为了避免气缸活塞在执行时造成较大的冲击力,在气缸的输入/输出口接入两只可调单向节流阀。

2）主控换向阀的选择

根据任务要求执行元件为两个双作用气缸,是由两个单电控二位五通换向阀控制,并要求行程开关来控制二位五通换向阀。

3）信号输入部分的选择

根据任务要求采用单电控换向阀,且在系统启动时执行元件必须在原始位置,系统启动使用启动按钮,两气缸间信号用行程开关来控制电磁阀线圈,由 SQ1 行程开关作为下一个气缸的启动信号。再由 SQ3 行程开关控制气缸 B 的缩回到位后控制气缸 A 的缩回。

在实训设计中,对负载、速度和气泵等方面不予考虑。

3. 画回路控制图

画出设计单电控循环控制回路控制图。

单电控的循环连续往复回路控制图

4. 搭建回路

搭建单电控循环往复控制回路，搭建调试成功后完成元件表 2-3-6 所要填写的内容。

表 2-3-6 元件名称、符号及作用

序号	系统组成	元件名称	符号	元 件 作 用
1	执行元件			
2	主控元件			
3	输入部分			
4				
5				
6				
7	行程开关部分			
8				
9				
10	其他			
11				

5. 评分标准

评分标准见表 2-3-7。

表 2-3-7 评分标准

序号	评价指标	评价内容	分值	小组评分	教师评分	备注
1	回路设计	执行元件设计正确，得 2 分	12 分			
		主控元件设计正确，得 2 分				
		输入部分设计正确，得 4 分				
		行程开关部分设计正确，得 4 分				
2	搭建调试	回路搭建正确，得 5 分	8 分			
		调试正确，得 3 分				
合计			20 分			

6. 思考与练习

（1）试设计使用磁感应式接近开关作为位置控制的双缸单电控循环控制回路。

（2）试设计双缸单电控循环控制的回路，要求双缸同时伸出，顺序回缩。

（3）试设计双缸单电控循环控制的回路，A 缸伸出后 B 缸伸出，B 缸伸出到位后 B 缸先缩回，接着 A 缸缩回，如此循环。

项目总成绩

序号	任务	配分	得分	权重	最后得分	备注
1	分析和搭建气动回路	40 分				
2	排除故障	30 分				
3	气、电回路设计	20 分				
4	文明实训	10 分				
合计		100 分				

项目 4

多气缸、主控阀为单电控电磁阀电-气控制回路的延时顺序控制

学习目标

(1) 了解时间继电器在电、气动控制中的应用。

(2) 掌握继电器控制延时返回的多气缸电、气控制回路控制原理。

(3) 能掌握行程开关、磁感应式接近开关等信号元件的不同使用。

技能目标

(1) 会正确使用时间继电器、行程开关等电气设备。

(2) 根据控制系统回路图会正确安装气动控制回路及电路回路。

(3) 会分析控制系统回路图动作过程。

(4) 学会根据故障现象分析故障原因。

任务 4.1 分析和搭建气动回路

1. 回路图

多气缸、主控阀为单电控电磁阀电-气动控制回路如图 2-4-1 所示。

2. 回路分析

1) 动作步骤

按下启动按钮 SB1,KA1 线圈得电,KA1 常开触点闭合。1Y1 线圈得电,气缸活塞 1A1 伸出,SQ2 常开触点闭合,2Y1 线圈得电,气缸活塞 2A1 伸出。3Y1 线圈得电,气缸活塞 3A1 伸出。SQ6 常开触点闭合,KT1 线圈得电,KT1 延时常开触点闭合。KA2 线圈得电,1Y1、3Y1 线圈失电,单电控二位五通阀 3V3 复位,气缸活塞 3A1 缩回。SQ5 常闭触点断开,2Y1 线圈失电,单电控二位五通阀 2V3 复位,气缸活塞 2A1 缩回。SQ3 常开触点闭合,1Y2 线圈得电,气缸活塞 1A1 缩回,SQ1 常闭触点断开。KT1 断开,整个电磁

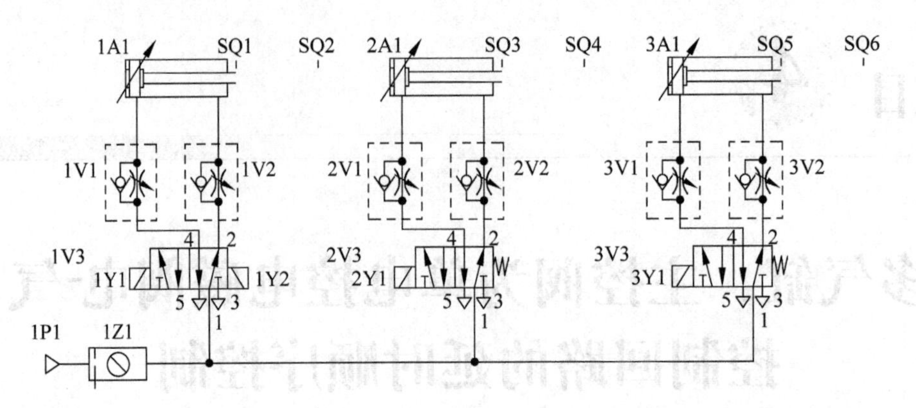

图 2-4-1 多气缸、主控阀为单电控电磁阀电-气控制回路的延时顺序控制气动回路

阀失电，重复上次的动作，按下停止按钮 SB2，2A1、3A1 气缸恢复原位。电控回路如图 2-4-2 所示。

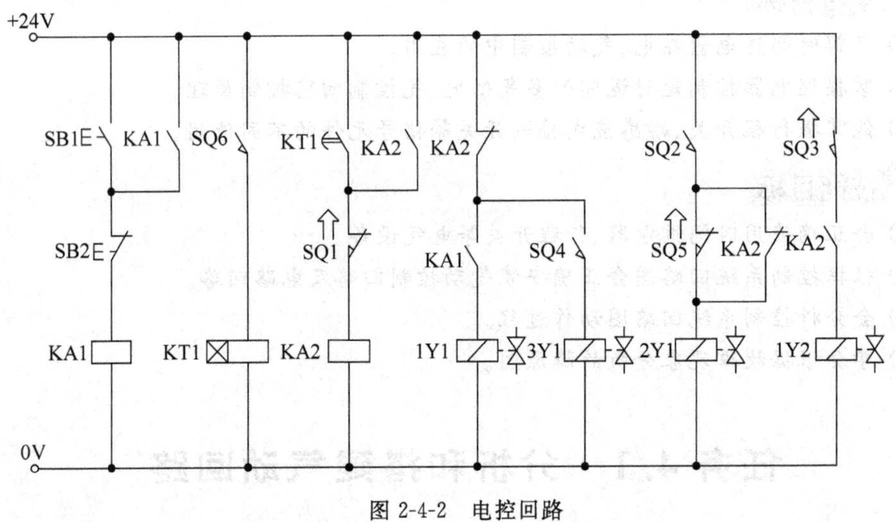

图 2-4-2 电控回路

2）气路分析

气路由 1A1、2A1、3A1 3 组组成。

第一组由三联件的出口用三通连接到 1A1 组的双电控二位五通阀的进口 1，双电控二位五通阀 1V3 的 4 口连接到单向节流阀 1V1，从单向节流阀 1V1 连接到 1A1 气缸的无杆腔，1A1 组双电控二位五通阀的 2 口连接到单向节流阀 1V2，再从单向节流阀 1V2 连接到 1A1 组气缸的有杆腔。

第二组由 1A1 组上的三通连接到 2A1 组单电控二位五通阀 2V3 的进口 1 口，再从单电控二位五通阀 2V3 的 4 口连接到单向节流阀 2V1，再从单向节流阀 2V1 连接到 2A1 组气缸的无杆腔，2A2 组单电控二位五通阀 2V3 的 2 口连接到单向节流阀 2V2，再从单向节流阀 2V2 连接到 2A1 组气缸有杆腔。

第三组由 2A1 组上的三通连接到 3A1 组的单电控二位五通阀 3V3 的进口 1 口，从

3A1 组单电控二位五通阀 3V3 的 4 口连接到 3V1 组单向节流阀，从单向节流阀 3V1 连接到气缸 3A1 的无杆腔，单电控二位五通阀 3V3 的 2 口连接到单向节流阀 3V2，再从单向节流阀 3V2 连接到气缸 3A1 的有杆腔。

3. 工具器件

工具器件包括气动实训台、气泵、二联件或三联件、气管、内六角扳手和剪刀等，元件如表 2-4-1 所列。根据实训实际所使用的元件将型号或规格填写在表 2-4-1 中。

表 2-4-1　元件型号或规格

序号	符　号	元 件 名 称	型号/规格	数量
1	1A1、2A1、3A1	双作用气缸		1
2	1V1、1V2、2V1、2V2、3V1、3V2	可调单向节流阀		6
3	1V3	双电控二位五通电磁阀		1
4	2V3、3V3	单电控二位五通电磁阀		2
5	SQ1、SQ2、SQ3、SQ4、SQ5、SQ6、	行程开关		6
6	1Z1	二联件		1
7	1P1	气源		1

4. 搭建

1）步骤

（1）找出表 2-4-1 中的各元件，检查是否良好。

（2）按照图 2-4-1 所示元件的位置固定好元件。

（3）根据回路图进行管路连接，并固定好管路，如图 2-4-3 所示。

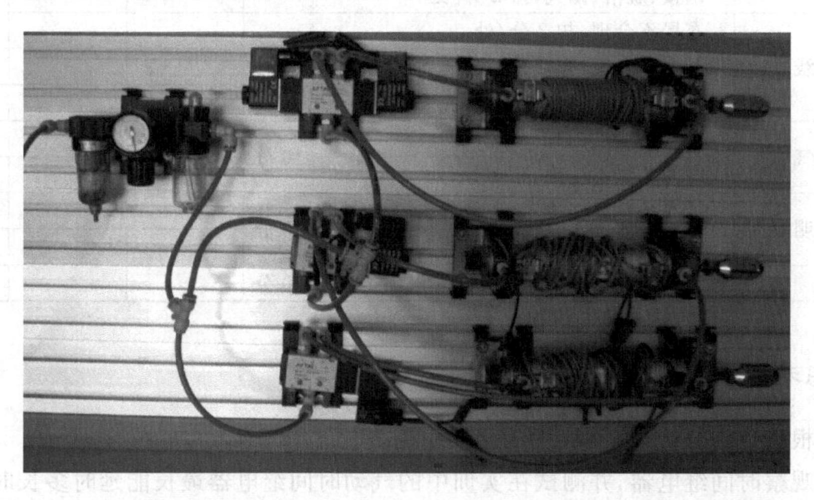

图 2-4-3　多气缸、主控阀为单电控电磁阀电-气控制回路的延时顺序控制装配实物

(4) 根据电路回路图进行电路连接，注意不要出现短路。

(5) 确认连接正确、可靠后，打开气源运行系统，观察系统运行情况。调整延时继电器，使气缸 3A1 伸出 3s 后返回。

(6) 小组或教师评价后，关闭气源及电源，完成下一任务。

2) 工艺要求

(1) 元件安装要牢固，不能出现松动。

(2) 管路连接要可靠，气管插入插头要到底。

(3) 管路走向要合理，避免气管乱飞舞。

(4) 电路连接要安全，避免短路。

(5) 电路连线要合理，避免互相交叠。

3) 注意事项

(1) 熟悉实训设备(气源的开关、气压的调整、管路的连接、继电器等)的使用方法。

(2) 检查所有气管是否有破损、老化，气管口是否平整；各电磁阀能否正常工作。

(3) 打开气源时，手握气源开关观察一段时间，防止因管路没接好被打出。

(4) 打开气源按下按钮，观察、记录回路运行情况，对设备使用中出现的问题进行分析和解决。

(5) 完成操作后，及时关闭气源、电源。

4) 评分标准

评分标准见表 2-4-2。

表 2-4-2 评分标准

序号	评价指标	评价内容	分值	小组评分	教师评分	备注
1	元件安装	元件安装不牢固，扣 3 分/只	10 分			
		元件选用错误，扣 5 分/只				
		漏接、脱落、漏气，扣 2 分/处				
2	布线	布局不合理，扣 2 分/处	10 分			
		长度不合理，扣 2 分/根				
		没有绑扎或绑扎不到位，扣 2 分/处				
3	通气	通气不成功，扣 5 分/次	10 分			
		时间调试不正确，扣 3 分/处				
4	文明实训	没有条理地摆放工具、器件，扣 6 分	10 分			
		完成后没有及时清理工位，扣 4 分				
合计			40 分			

5. 思考与练习

(1) 根据回路分析表 2-4-3 中的元件作用。

(2) 观察时间继电器，并测试在实训中的气动时间继电器最长能延时多长时间。

(3) 设想将回路中电控延时控制改换成气动延时阀控制，并比较两者的不同。

(4) 如果在工作过程中系统突然失电，各气缸会如何动作？为什么？

表 2-4-3　元件作用

序号	符号	元件名称	元件作用
1	1A1	双作用气缸	
2	1V1	可调单向节流阀	
3	1V2	可调单向节流阀	
4	1V3	双电控二位五通阀	
5	2A1	双作用气缸	
6	2V1	可调单向节流阀	
7	2V2	可调单向节流阀	
8	2V3	单电控二位五通阀	
9	3A1	双作用气缸	
10	3V1	可调单向节流阀	
11	3V2	可调单向节流阀	
12	3V3	单电控二位五通阀	
13	1Z1	二联件	
14	1P1	气源	

任务 4.2　排除故障

1. 故障设置

由小组成员或教师设置 1～3 处气路故障，如不能启动、气缸伸出或缩回太快不能调节、气缸不能按顺序伸出或不能返回等（设置气路不通可使用透明胶挡住气管、改变进出气口等方法；设置电路不通可使用透明胶使接头处断路，或者改变行程开关与电磁阀的接线等方法）。

2. 观察故障现象并分析故障原因

将观察到的故障现象及原因等记入表 2-4-4 所列的表中。

表 2-4-4　故障现象及原因

故障序号	故障现象	分析原因	查找步骤	故障点
1				
2				
3				

3. 排除故障恢复功能

根据现象分析和查找步骤对故障点进行逐一排查，恢复系统功能。再根据任务 4.1

的要求调试好系统。

4. 注意事项

(1) 在设置故障和排除故障时,必须在关闭气源及电源状态下进行。
(2) 绝不允许在通气状态下插拔气管。
(3) 绝不允许在通电状态下插拔电线。
(4) 在检查回路时,发生漏气现象要及时关闭气源。
(5) 在排查故障时,不能扩大故障点,不能损坏元件。
(6) 完成排故后,及时关闭气源及电源,拆下管路和元件放回原位。

5. 评分标准

评分标准见表 2-4-5。

表 2-4-5 评分标准

故障序号	评价内容	分值	小组评分	教师评分	时间
1	分析错误,扣 3 分/处	10 分			
	判断故障点错误,扣 5 分/处				
	使用检测手段错误,扣 3 分/处				
	通气情况下插拔气管,扣 5 分/次				
	损坏元件,扩大故障点,扣 5 分/处				
2	分析错误,扣 3 分/处	10 分			
	判断故障点错误,扣 5 分/处				
	使用检测手段错误,扣 3 分/处				
	通气情况下插拔气管,扣 5 分/次				
	损坏元件,扩大故障点,扣 5 分/处				
3	分析错误,扣 3 分/处	10 分			
	判断故障点错误,扣 5 分/处				
	使用检测手段错误,扣 3 分/处				
	通气、电情况下插拔气管,扣 5 分/次				
	损坏元件,扩大故障点,扣 5 分/处				
合计		30 分			

任务 4.3 电-气联合控制回路(多气缸)的延时顺序控制设计

1. 任务分析

按下按钮→执行元件在原始位置上接到执行信号→气缸 1A1 伸出→伸出到位后→气缸 2A1 伸出→伸出到位后→气缸 3A1 伸出→伸出到位后(约 3s)→气缸 3A1 缩回→缩回到位后→气缸 2A1 缩回→缩回到位后 1A1 也缩回。重复以上动作,直至按下停止按钮。

2. 元件选择

1）执行元件的选择

根据任务对机构运动、所需力的大小和行程的长短要求来决定。实训的设计没有具体要求，只考虑实训的条件对执行元件选择为双作用气缸；为了避免气缸活塞在执行时造成较大的冲击力，在气缸的输入/输出口接入两只可调单向节流阀。

2）主控换向阀的选择

根据任务要求执行元件为双作用气缸是二位控制，并要求采用电磁控制。本任务主控换向阀仍选用单电控二位五通换向阀。

3）信号输入部分的选择

根据任务要求采用单电控换向阀，且在系统启动时执行元件必须在原始位置。所以在气缸的缩回位置上装有磁感应式接近开关检测缩回信号，系统启动使用手动按钮，两信号间采用串联来实现逻辑“与”功能去控制继电器线圈，再由继电器触点来控制主控阀伸出的电磁阀线圈——实现气缸活塞伸出。

4）延时部分的选择

根据任务要求采用电控延时，当伸出到位后延时返回。所以伸出到位时采用磁感应式接近开关检测伸出信号来控制时间继电器线圈，再由时间继电器延时触点来控制主控阀缩回电磁线圈，实现气缸活塞缩回。

在实训设计中，对负载、速度和气泵等方面不予考虑。

3. 画控制图

画出设计多气缸、主控阀为单电控电磁阀电、气控制回路的延时顺序控制设计控制图。

多气缸、主控阀为单电控电磁阀电、气控制回路图

4. 搭建回路

搭建多气缸、主控阀为单电控电磁阀电、气控制回路的延时顺序控制回路，搭建调试成功后完成元件表 2-4-6 所要填写的内容。

表 2-4-6　元件名称、符号及作用

序号	系统组成	元件名称	符号	元件作用
1	执行元件			
2	主控元件			
3	输入部分			
4				
5				
6				
7	延时部分			
8				
9				
10	其他			
11				

5. 评分标准

评分标准如表 2-4-7 所列。

表 2-4-7　评分标准

序号	评价指标	评价内容	分值	小组评分	教师评分	备注
1	回路设计	执行元件设计正确，得 2 分	12 分			
		主控元件设计正确，得 2 分				
		输入部分设计正确，得 4 分				
		延时部分设计正确，得 4 分				
2	搭建调试	回路搭建正确，得 5 分	8 分			
		调试正确，得 3 分				
		合计	20 分			

6. 思考与练习

(1) 比较行程开关和磁感应式接近开关在使用上的特点及不同之处。

(2) 思考设计双电控连续往复控制回路。

项目总成绩

序号	任　　务	配分	得分	权重	最后得分	备　注
1	分析和搭建气动回路	40分				
2	排除故障	30分				
3	气、电回路设计	20分				
4	文明实训	10分				
合　　计		100分				

项目 5

双缸多往复电-气联合控制回路控制

学习目标

(1) 了解行程开关与电磁阀在电-气联合控制回路中的应用。

(2) 掌握双缸多往复电-气联合控制回路控制原理。

(3) 能设计出两位五通单电控电磁换向阀的双缸多往复电-气联合控制回路控制图。

技能目标

(1) 会正确使用气动、电气的相关设备。

(2) 根据控制系统回路图会正确安装气动控制回路。

(3) 根据电路回路图正确连接电路回路。

(4) 会分析控制系统回路图动作过程。

(5) 学会根据故障现象分析故障原因。

任务 5.1 分析和搭建气动回路

1. 回路图

双缸多往复电-气联合控制回路控制气动回路如图 2-5-1 所示。

2. 回路分析

1) 动作步骤

如图 2-5-2 所示,按下启动按钮 SB1,KA1 线圈得电,KA1 常开触点闭合,KA2 常开触点闭合,1Y1 线圈得电,1A1 气缸活塞伸出,1A1 气缸活塞压住行程开关 SQ2,SQ2 常开触点闭合,KA3 线圈得电, KA3 常开触点闭合,2Y1 线圈得电,2A1 气缸活塞伸出,

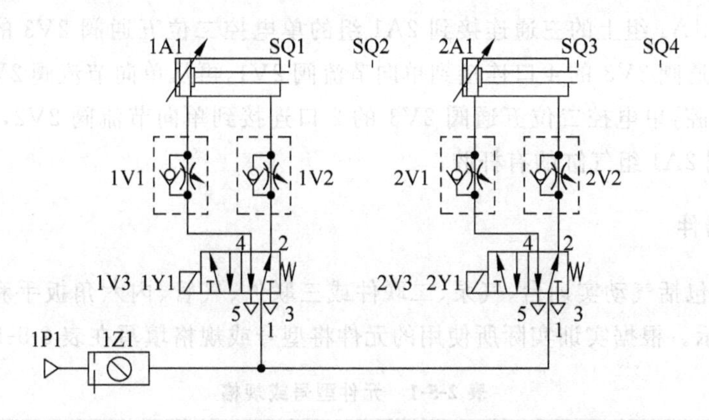

图 2-5-1　双缸多往复电-气联合控制回路控制气动回路

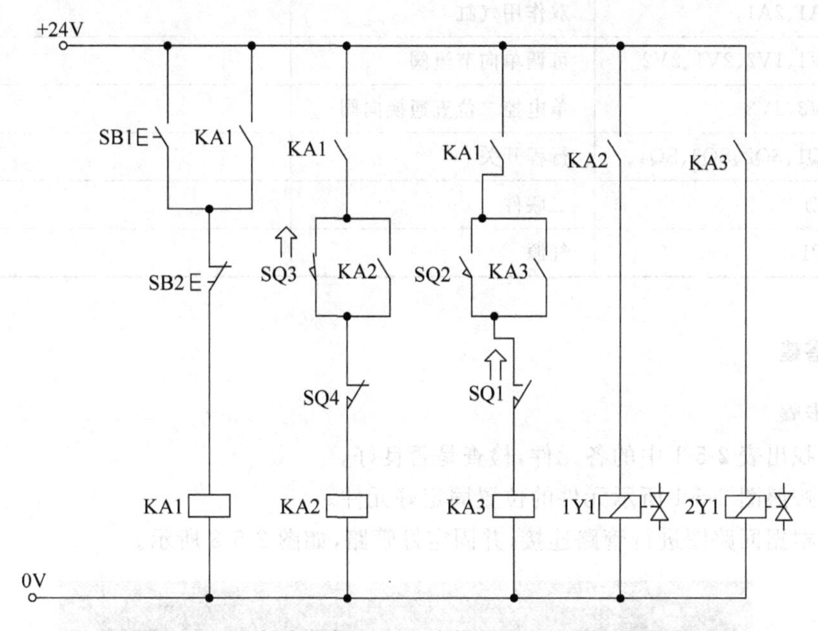

图 2-5-2　双缸多往复电-气联合控制回路控制电路回路

2A1 气缸活塞压着行程开关 SQ4，SQ4 触点常闭变常开，KA2 线圈失电，KA2 常闭断开复位，1Y1 线圈失电，气缸 1A1 活塞缩回，气缸 1A1 活塞压住 SQ1 行程开关，SQ1 常闭触点断开，KA3 线圈失电，KA3 常开触点断开，2Y1 线圈失电复位，气缸 2A1 活塞缩回，动作如此往复。

2）气路控制原理

气路由 1A1、2A1 两组组成。

第一组由三联件的出口用三通连接到 1A1 组单电控二位五通阀 1V3 的进口 1 口，从单电控二位五通阀 1V3 的 4 口连接到单向节流阀 1V1，再从单向节流阀 1V1 连接到气缸 1A1 的无杆腔，单电控二位五通阀 1V3 的 2 口连接到单向节流阀 1V2，再从单向节流阀 1V2 连接到气缸 1A1 的有杆腔。

第二组由1A1组上的三通连接到2A1组的单电控二位五通阀2V3的进口1口，从单电控二位五通阀2V3的4口连接到单向节流阀2V1，再从单向节流阀2V1连接到2A1组气缸的无杆腔，单电控二位五通阀2V3的2口连接到单向节流阀2V2，再从单向节流阀2V2连接到2A1组气缸的有杆腔。

3. 工具器件

工具器件包括气动实训台、气泵、二联件或三联件、气管、内六角扳手和剪刀等，元件如表2-5-1所示。根据实训实际所使用的元件将型号或规格填写在表2-5-1中。

表2-5-1 元件型号或规格

序号	符　号	元件名称	型号/规格	数量
1	1A1、2A1	双作用气缸		2
2	1V1、1V2、2V1、2V2	可调单向节流阀		4
3	1V3、2V3	单电控二位五通换向阀		2
4	SQ1、SQ2、SQ3、SQ4、	行程开关		4
5	1Z1	二联件		1
6	1P1	气源		1

4. 搭建

1）步骤

（1）找出表2-5-1中的各元件，检查是否良好。

（2）按照图2-5-1所示元件的位置固定好元件。

（3）根据回路图进行管路连接，并固定好管路，如图2-5-3所示。

图2-5-3 双缸多往复电-气联合控制回路控制装配实物

（4）确认连接正确、可靠后，打开气源运行系统。

（5）小组或教师评价后，关闭气源，完成下一任务。

2）工艺要求

（1）元件安装要牢固，不能出现松动。

(2) 管路连接要可靠,气管插入插头要到底。

(3) 管路走向要合理,避免气管乱飞舞。

(4) 电路连接要安全,避免短路。

3) 注意事项

(1) 熟悉实训设备(气源的开关、气压的调整、管路的连接、继电器等)的使用方法。

(2) 检查所有气管是否有破损、老化,气管口是否平整;各电磁阀能否正常工作。

(3) 打开气源时,手握气源开关观察一段时间,防止因管路没接好被打出。

(4) 打开气源按下按钮,观察、记录回路运行情况,对设备使用中出现的问题进行分析和解决。

(5) 完成操作后,及时关闭气源、电源。

4) 评分标准

评分标准见表 2-5-2。

表 2-5-2　评分标准

序号	评价指标	评 价 内 容	分值	小组评分	教师评分	备注
1	元件安装	元件安装不牢固,扣 3 分/只	10 分			
		元件选用错误,扣 5 分/只				
		漏接、脱落、漏气,扣 2 分/处				
2	布线	布局不合理,扣 2 分/处	10 分			
		长度不合理,扣 2 分/根				
		没有绑扎或绑扎不到位,扣 2 分/处				
3	通气	通气不成功,扣 5 分/次	10 分			
		时间调试不正确,扣 3 分/处				
4	文明实训	没有条理地摆放工具、器件,扣 6 分	10 分			
		完成后没有及时清理工位,扣 4 分				
合　计			40 分			

5. 思考与练习

(1) 根据回路分析表 2-5-3 中的元件作用。

表 2-5-3　元件作用

序号	符号	元件名称	元 件 作 用
1	1A1	双作用气缸	
2	1V1	可调单向节流阀	
3	1V2	可调单向节流阀	
4	1V3	单电控二位五通阀	
5	2A1	双作用气缸	
6	2V1	可调单向节流阀	
7	2V2	可调单向节流阀	

续表

序号	符号	元件名称	元 件 作 用
8	2V3	单电控二位五通阀	
9	1Z1	二联件	
10	1P1	气源	

(2) 如果在工作过程中系统突然失电，各气缸会如何动作？为什么？

任务 5.2 排 除 故 障

1. 故障设置

由小组成员或教师设置 1～3 处气路故障，如不能启动、气缸伸出或缩回太快不能调节、气缸不能按顺序伸出或不能返回等(设置气路不通可使用透明胶挡住气管、改变进出气口等方法；设置电路不通可使用透明胶使接头处断路，或者改变行程开关与电磁阀的接线等方法)。

2. 观察故障现象并分析故障原因

将观察到的故障现象、原因等填入表 2-5-4 中。

表 2-5-4 故障现象、原因

故障序号	故障现象	分 析 原 因	查 找 步 骤	故障点
1				
2				
3				

3. 排除故障恢复功能

根据现象分析和查找步骤对故障点进行逐一排查，恢复系统功能。再根据任务 5.1 的要求调试好系统。

4. 注意事项

(1) 在设置故障和排除故障时，必须在关闭气源及电源状态下进行。

(2) 绝不允许在通气状态下插拔气管。

(3) 绝不允许在通电状态下插拔电线。

(4) 在检查回路时，发生漏气现象要及时关闭气源。

(5) 在排查故障时，不能扩大故障点，不能损坏元件。

(6) 完成排故后，及时关闭气源及电源，拆下管路和元件放回原位。

5. 评分标准

评分标准见表 2-5-5。

表 2-5-5　评分标准

故障序号	评价内容	分值	小组评分	教师评分	时间
1	分析错误,扣 3 分/处	10 分			
	判断故障点错误,扣 5 分/处				
	使用检测手段错误,扣 3 分/处				
	通气情况下插拔气管,扣 5 分/次				
	损坏元件,扩大故障点,扣 5 分/处				
2	分析错误,扣 3 分/处	10 分			
	判断故障点错误,扣 5 分/处				
	使用检测手段错误,扣 3 分/处				
	通气情况下插拔气管,扣 5 分/次				
	损坏元件,扩大故障点,扣 5 分/处				
3	分析错误,扣 3 分/处	10 分			
	判断故障点错误,扣 5 分/处				
	使用检测手段错误,扣 3 分/处				
	通气、电情况下插拔气管,扣 5 分/次				
	损坏元件,扩大故障点,扣 5 分/处				
合　计		30 分			

任务 5.3　单电控二位五通阀控制的双缸多往复电-气联合控制回路控制设计

1. 任务分析

按下按钮→执行元件在原始位置上接到执行信号→气缸 1A1 伸出→伸出到位后→气缸 2A1 伸出→伸出到位后气缸缩回→气缸 2A1 缩回→缩回到位后 1A1 也缩回。重复以上动作,直至按下停止按钮。

2. 元件选择

1）执行元件的选择

根据任务对机构运动、所需力的大小和行程的长短要求来决定。实训的设计没有具体要求,只考虑实训的条件对执行元件选择为双作用气缸；为了避免气缸活塞在执行时造成较大的冲击力,在气缸的输入/输出口接入两只可调单向节流阀。

2）主控换向阀的选择

根据任务要求执行元件为双作用气缸是二位控制,并要求采用电磁控制。所以主控换向阀选择单电控二位五通换向阀。

3）信号输入部分的选择

根据任务要求采用双电控换向阀，且在系统启动时执行元件必须在原始位置。所以在气缸的缩回位置上装有相应开关检测缩回信号，系统启动使用手动按钮，用行程开关（或磁感应接近开关）控制继电器线圈，再由继电器触点来控制主控阀伸出的电磁阀线圈，实现气缸活塞伸出与缩回。

在实训设计中，对负载、速度和气泵等方面不予考虑。

3. 画回路控制图

画出设计单电控双缸多往复电-气联合控制回路控制图。

单电控双缸多往复电-气联合控制回路控制图

4. 搭建回路

搭建单电控双缸多往复电-气联合控制回路控制回路，搭建调试成功后完成元件表2-5-6所要填写的内容。

表 2-5-6　元件名称、符号及作用

序号	系统组成	元件名称	符号	元件作用
1	执行元件			
2	主控元件			
3	输入部分			
4				
5				
6				
7	其他			
8				

5. 评分标准

评分标准见表 2-5-7。

表 2-5-7　评分标准

序号	评价指标	评价内容	分值	小组评分	教师评分	备注
1	回路设计	执行元件设计正确，得 3 分	12 分			
		主控元件设计正确，得 3 分				
		输入部分设计正确，得 6 分				
2	搭建调试	回路搭建正确，得 5 分	8 分			
		调试正确，得 3 分				
		合　计	20 分			

6. 思考与练习

(1) 比较两种双缸多往复电-气联合控制回路的气缸运动特点。

(2) 思考设计双缸单往复电-气联合控制回路。

(3) 思考设计单循环、连续循环二者选一；且按下急停按钮，1A1、2A1 两缸退回原始位置。

(4) 思考设计双缸多往复气控回路。

项目总成绩

序号	任务	配分	得分	权重	最后得分	备注
1	分析和搭建气动回路	40 分				
2	排除故障	30 分				
3	气、电回路设计	20 分				
4	文明实训	10 分				
	合　计	100 分				

项目 6

加工中心工作台夹紧回路模拟控制

学习目标

(1) 了解压力继电器在气动控制中的应用。

(2) 掌握加工中心工作台夹紧回路控制原理。

(3) 掌握加工中心工作台夹紧实训装置系统图和电气控制系统的分析和设计方法。

技能目标

(1) 会正确使用气动的相关设备。

(2) 根据控制系统回路图会正确安装气动控制回路。

(3) 会分析控制系统回路图动作过程。

(4) 学会根据故障现象分析故障原因。

任务 6.1 分析和搭建气动回路

在 H400 加工中心的气压传动系统中，加工中心的工作台夹紧及刀具的松开和拉紧、工作台的交换、鞍座的定位与紧锁以及刀库的移动均采用了气压传动。

图 2-6-1 所示为 H400 加工中心的工作台夹紧回路。该加工中心可交换的工作台固定在鞍座上，由 4 个带定位锥的气缸夹紧。为使夹紧速度可调并避免夹紧时产生压力冲击，采用两个单向节流阀对气缸活塞进行进气节流速度控制。工作台通过两个可调工作点的压力开关 YK1、YK2 的输出信号作为气缸夹紧和松开的完成信号。

1. 回路图

H400 加工中心工作台夹紧回路如图 2-6-1 和图 2-6-2 所示。

2. 回路分析

回路分析见表 2-6-1。

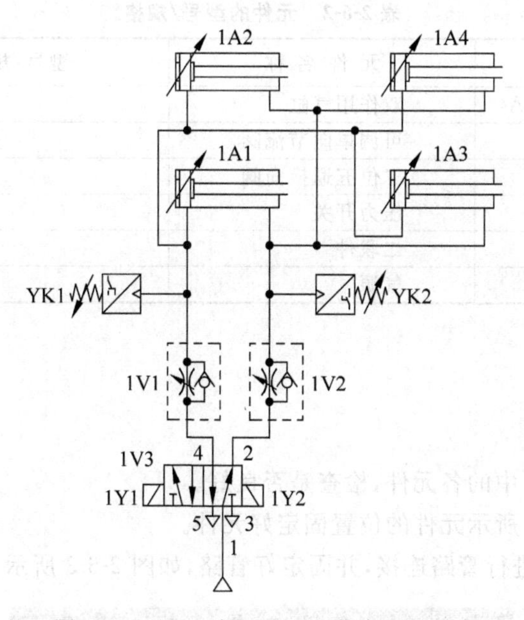

图 2-6-1 H400 加工中心工作台夹紧回路

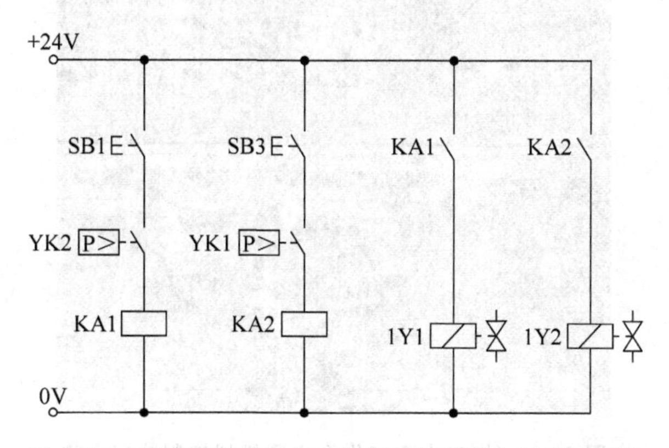

图 2-6-2 H400 加工中心工作台夹紧回路电气控制回路

表 2-6-1 回路分析

动作顺序	1Y1、1Y2	1V3	1V1、1V2	YK1、YK2	1A1、1A2、1A3、1A4
刀盘夹紧	1Y1 得电	1、4 口相通	1V1 节流 1V2 导通	YK1 压力达到设定值、导通	1A1、1A2、1A3、1A4 伸出
刀盘松开	1Y2 得电	1、2 口相通	1V1 导通 1V2 节流	YK2 压力达到设定值、导通	1A1、1A2、1A3、1A4 缩回

3. 工具器件

工具器件包括气动实训台、气泵、二联件或三联件、气管、内六角扳手和剪刀等，元件如表 2-6-2 所列。根据实训实际所使用的元件将型号或规格填写在表 2-6-2 中。

表 2-6-2　元件的型号/规格

序号	符　号	元 件 名 称	型号/规格	数量
1	1A1、1A2、1A3、1A4	双作用气缸		4
2	1V1、1V2	可调单向节流阀		2
3	1V3	二位五通换向阀		1
7	YK1、YK2	压力开关		2
8	1Z1	二联件		1
9	1P1	气源		1

4. 搭建

1）步骤

（1）找出表 2-6-2 中的各元件，检查是否良好。

（2）按照图 2-6-3 所示元件的位置固定好元件。

（3）根据回路图进行管路连接，并固定好管路，如图 2-6-3 所示。

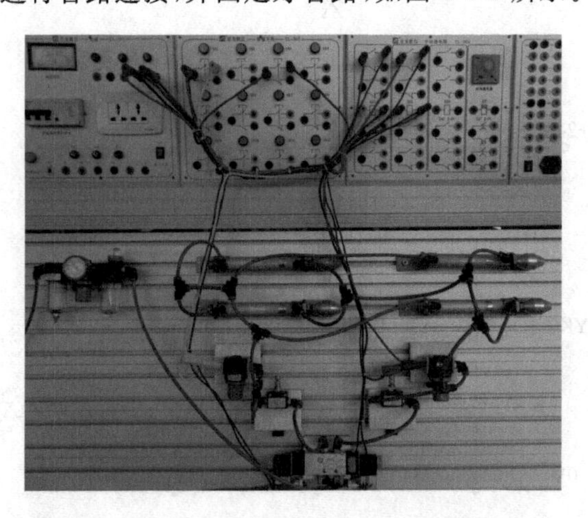

图 2-6-3　加工中心工作台夹紧模拟控制装配实物

（4）确认连接正确、可靠后，打开气源运行系统。

（5）观察系统运行情况。调整压力开关的压力设定值，使气缸伸到位。

（6）小组或教师评价后关闭气源，完成下一任务。

2）工艺要求

（1）元件安装要牢固，不能出现松动。

（2）管路连接要可靠，气管插入插头要到底。

（3）管路走向要合理，避免管路过度交叉。

3）注意事项

（1）熟悉实训设备（气源的开关、气压的调整、管路的连接等）的使用方法。

（2）检查所有气管是否有破损、老化，气管口是否平整。

（3）打开气源时，手握气源开关观察一段时间，防止因管路没接好被打出。

(4) 打开气源观察,记录回路运行情况,对设备使用中出现的问题进行分析和解决。

(5) 完成操作后,及时关闭气源。

4) 评分标准

评分标准见表 2-6-3。

表 2-6-3 评分标准

序号	评价指标	评价内容	分值	小组评分	教师评分	备注
1	元件安装	元件安装不牢固,扣 3 分/只	10 分			
		元件选用错误,扣 5 分/只				
		漏接、脱落、漏气,扣 2 分/处				
2	布线	布局不合理,扣 2 分/处	10 分			
		长度不合理,扣 2 分/根				
		没有绑扎或绑扎不到位,扣 2 分/处				
3	通气	通气不成功,扣 5 分/次	10 分			
		时间调试不正确,扣 3 分/处				
4	文明实训	没有条理地摆放工具、器件,扣 6 分	10 分			
		完成后没有及时清理工位,扣 4 分				
合计			40 分			

5. 思考与练习

(1) 根据图 2-6-1 所示的 H400 加工中心工作台夹紧回路图,分析表 2-6-4 中的元件作用。

表 2-6-4 元件作用

序号	符号	元件名称	元件作用
1	1A1、1A2、1A3、1A4	双作用气缸	
2	YK1	压力开关	
3	YK2	压力开关	
4	1V3	双电控二位五通换向阀	
5	1Z1	二联件	
6	1P1	气源	

(2) 在 H400 加工中心工作台夹紧回路中,为何采用进气节流?

(3) 设想能否将回路中压力开关改换成压力顺序阀?为什么?

任务 6.2 排除故障

1. 故障设置

由小组成员或教师设置 1~3 处电、气路故障,如不能启动、不能夹紧、气缸伸出或缩回太快不能调节、气缸不能伸出或不能返回等(设置气路不通可使用透明胶挡住气管、改变进出气口等方法)。

2. 观察故障现象并分析故障原因

对观察到的故障现象、原因等记入表 2-6-5 中。

表 2-6-5 故障现象、原因

故障序号	故障现象	分 析 原 因	查 找 步 骤	故障点
1				
2				
3				

3. 排除故障恢复功能

根据现象分析和查找步骤对故障点进行逐一排查,恢复系统功能。再根据任务 6.1 的要求调试好系统。

4. 注意事项

(1) 在设置故障和排除故障时,必须在关闭气源状态下进行。
(2) 绝不允许在通气状态下插拔气管。
(3) 在检查回路时,发生漏气现象要及时关闭气源。
(4) 在排查故障时,不能扩大故障点,不能损坏元件。
(5) 完成排故后,及时关闭气源,拆下管路并将元件放回原位。

5. 评分标准

评分标准见表 2-6-6。

表 2-6-6 评分标准

故障序号	评 价 内 容	分值	小组评分	教师评分	时间
1	分析错误,扣 3 分/处	10 分			
	判断故障点错误,扣 5 分/处				
	使用检测手段错误,扣 3 分/处				
	通气情况下插拔气管,扣 5 分/次				
	损坏元件,扩大故障点,扣 5 分/处				
2	分析错误,扣 3 分/处	10 分			
	判断故障点错误,扣 5 分/处				
	使用检测手段错误,扣 3 分/处				
	通气情况下插拔气管,扣 5 分/次				
	损坏元件,扩大故障点,扣 5 分/处				

续表

故障序号	评 价 内 容	分值	小组评分	教师评分	时间
3	分析错误,扣3分/处	10分			
	判断故障点错误,扣5分/处				
	使用检测手段错误,扣3分/处				
	通气情况下插拔气管,扣5分/次				
	损坏元件,扩大故障点,扣5分/处				
合 计		30分			

任务6.3 塑料圆管熔接装置控制回路设计

1. 任务分析

利用电热熔接压铁将卷在金属滚筒上的塑料板片高温熔接成圆管,熔接压铁安装在一个双作用气缸活塞的前端。为防止压铁损伤金属滚筒,用带有压力表的调压阀将最大气缸压力调至4bar。气缸活塞杆在按下按钮后伸出,完全伸出时压铁对塑料板片进行熔接。气缸活塞只有在压铁到达设定位置并且压力达到3bar时才能缩回。

执行元件在原始位置上接收到执行信号→气缸伸出→伸出到位后压力达到设定值→气缸缩回→停留在原始位置结束。

2. 元件选择

1) 执行元件的选择

根据任务对机构运动、所需力的大小和行程的长短要求来决定。在实训中的设计只考虑实训的条件,只考虑实训的条件对执行元件选择为双作用气缸;为了避免气缸活塞在执行时造成较大的冲击力,在气缸的输入口接入一个可调单向节流阀。

2) 主控换向阀的选择

根据任务要求执行元件为双作用气缸是二位控制,并要求采用电磁控制。所以主控换向阀选择双电控二位五通换向阀。

3) 信号输入部分的选择

根据任务要求采用双电控换向阀,且在系统启动时执行元件必须在原始位置。所以在气缸的缩回位置上装有磁性开关检测缩回信号,系统启动使用按下电路中按钮,信号采用按钮功能去控制继电器线圈,再由继电器触点来控制主控阀伸出的电磁阀线圈,以实现气缸活塞伸出。

4) 延时部分的选择

根据任务要求,为了熔接质量,应对气缸活塞杆的伸出进行节流控制。调节节流阀使得压力在气缸活塞杆完全伸出后3s才增至3bar,这时塑料板片在高温和压力的作用下熔接成了一圆管。

在实训设计中，对负载、速度和气泵等方面不予考虑。

3. 画回路控制图

画出设计塑料圆管熔接装置控制回路控制图。

设计塑料圆管熔接装置控制回路控制图

4. 搭建回路

搭建塑料圆管熔接装置控制回路，搭建调试成功后完成元件表 2-6-7 所要填写的内容。

表 2-6-7 元件名称、符号及作用

序号	系统组成	元件名称	符号	元件作用
1	执行元件			
2	主控元件			
3	输入部分			
4				
5				
6				
7	压力部分			
8				
9				
10	时间继电器			
11	磁性开关			
12	其他			
13				

5. 评分标准

评分标准见表 2-6-8。

表 2-6-8 评分标准

序号	评价指标	评价内容	分值	小组评分	教师评分	备注
1	回路设计	执行元件设计正确,得2分	12分			
		主控元件设计正确,得2分				
		输入部分设计正确,得4分				
		延时部分设计正确,得4分				
2	搭建调试	回路搭建正确,得5分	8分			
		调试正确,得3分				
合计			20分			

6. 思考与练习

(1) 试根据本项目任务3的要求改用压力顺序阀和双气控二位五通换向阀元件设计完成单往复控制回路图。

(2) 将题(1)设计为连续往复控制回路。

具体要求和提示：

(1) 气缸活塞伸出控制。按钮用于单循环工作的启动；定位开关用于连续循环工作条件；气缸完全缩回停顿2s,用于保证圆管的取下和放上新的板片。用按钮和定位开关都可以启动气缸的动作,它们的关系是“或”的关系。它们的输出可以通过梭阀连接。

(2) 气缸活塞缩回控制。一个是活塞杆完全伸出,另一个是熔接压力达到3bar。因此就需要一个用于检测气缸完全伸出的行程阀和一个检测气缸无杆腔压力的压力顺序阀。这两个条件必须全部满足后气缸活塞才能缩回,所以它们之间是“与”的关系(3s后增至3bar的要求不用延时阀来实现,可通过调节节流阀开度来达到上升速度)。

项目总成绩

序号	任务	配分	得分	权重	最后得分	备注
1	分析和搭建气动回路	40分				
2	排除故障	30分				
3	气、电回路设计	20分				
4	文明实训	10分				
合计		100分				

项目 7

加工中心盘式刀库气动回路模拟控制

学习目标

(1) 了解气压传动在加工中心上的应用。

(2) 读懂加工中心刀库气动回路控制原理。

(3) 学会分析系统的控制过程、方法、性能和特点。

技能目标

(1) 正确使用气动设备。

(2) 根据气动回路图,正确安装气动控制回路且无漏气。

(3) 会分析加工中心刀库气动回路控制原理图,了解控制过程和各元件的动作过程。

(4) 完成设备调试,并进行相关故障排除。

(5) 根据项目功能设计其他回路完成目标。

任务 7.1 分析和搭建气动回路

加工中心备有刀库,具有自动换刀功能,是对工件一次装夹后进行多工序加工的数控机床。工件装夹后,数控系统能控制机床按不同工序自动选择、更换刀具,自动对刀、自动改变主轴转速、进给量等,可连续完成钻、镗、铣、铰、攻螺纹等多道工序。因而大大缩短了工件装夹时间、测量和机床调整等辅助工序时间,对加工形状比较复杂,精度要求较高,品种更换频繁的零件具有良好的经济效果。刀库自动换刀是通过刀库和主轴箱的配合动作来完成的。一般是把盘式刀库设置在主轴箱可以运动到的位置或整个刀库能移动到主轴箱可以到达的位置。换刀时,主轴运动到刀库上的换刀位置,由主轴直接取走或放回刀具。它适用于采用 40 把以下刀柄的中、小型加工中心,图 2-7-1 和图 2-7-2 所示分别为数控加工中心气动换刀回路及其电气控制。

1. 回路图

数控加工中心气动换刀回路和电气控制分别如图 2-7-1 和图 2-7-2 所示。

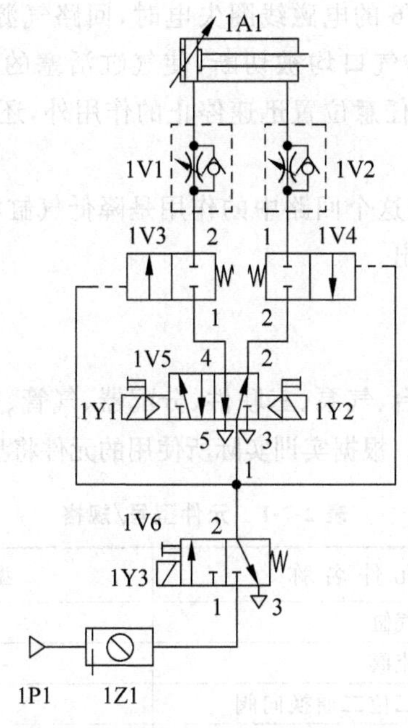

图 2-7-1　数控加工中心气动换刀回路

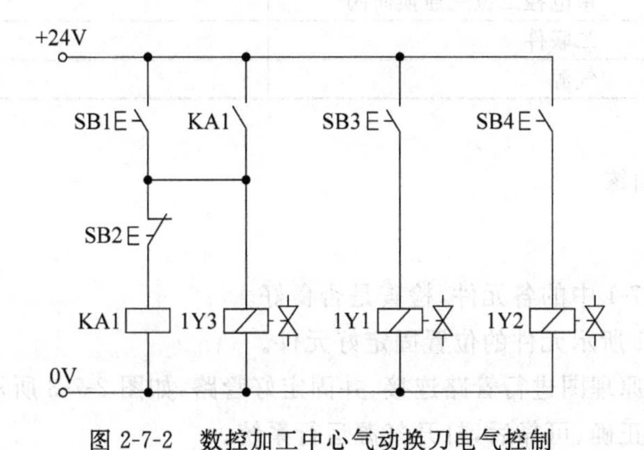

图 2-7-2　数控加工中心气动换刀电气控制

2. 回路分析

VMC750E 加工中心在换刀时刀库的摆动或刀套的翻转、主轴孔内刀具拉杆的向下运动、主轴吹气、油气润滑单元排送润滑油、数控转台的刹紧/松开均采用气压传动。图 2-7-1 所示为盘式刀库摆动的气动回路。值得注意的是，这个回路中的主控换向阀 1V5 采用了电磁先导换向阀，即采用电-气动控制气动操作。

图 2-7-1 中，电磁换向阀 1V6 一方面控制着回路气源的通断，同时也控制着两个单气

控二位二通换向阀 1V3、1V4 的通口通断。当换向阀 1V6 的电磁线圈得电时，在接通回路气源的同时也让换向阀 1V3、1V4 的通口由断开变为导通。这样在气缸和主控换向阀间就形成通路，当控制主控换向阀 1V5 换向的信号到来时，气缸活塞就能完成相应的伸出和缩回动作。当换向阀 1V6 的电磁线圈失电时，回路气源被切断，换向阀 1V3 和 1V4 也迅速复位，气缸进气口和排气口均被切断，使气缸活塞的运动迅速停止。气控阀 1V3 和 1V4 除了起到气缸活塞在任意位置迅速停止的作用外，还可以使切断气源后活塞位置不会随意改变。

单向节流阀 1V1、1V2 在这个回路中的作用是降低气缸活塞运动速度，防止刀具在翻转过程中因速度过快而被甩出。

3. 工具器件

工具器件包括气动实训台、气泵、三联件、分配器、气管、剪刀等。

气动元件如表 2-7-1 所列。根据实训实际所使用的元件将型号/规格填写到表 2-7-1 中。

表 2-7-1 元件型号/规格

序号	符号	元件名称	型号/规格	数量
1	1A1	双作用气缸		1
2	1V1、1V2	单向节流阀		2
3	1V3、1V4	单电控二位二通换向阀		2
4	1V5	双电控二位五通换向阀		1
5	1V6	单电控二位三通换向阀		1
6	1Z1	二联件		1
7	1P1	气源		1

4. 回路搭建训练

1) 步骤

(1) 找出表 2-7-1 中的各元件，检查是否良好。

(2) 按图 2-7-1 所示元件的位置固定好元件。

(3) 根据气动原理图进行管路连接，并固定好管路，如图 2-7-3 所示。

(4) 确认连接正确、可靠后，打开气源运行系统。

(5) 小组和教师评价后，关闭气源，完成下一任务。

2) 工艺要求

(1) 元件安装要牢固，不能出现松动。

(2) 管路连接要可靠，气管插入气接口到底。

(3) 管路走向要合理，避免气管乱飞舞。

3) 注意事项

(1) 安装前检查气缸，通常规定气缸的工作温度为 5～60℃。气缸在 5℃以下使用，会因压缩空气所含的水分凝结给气缸的动作带来不利影响。此时，要求空气的露点温度

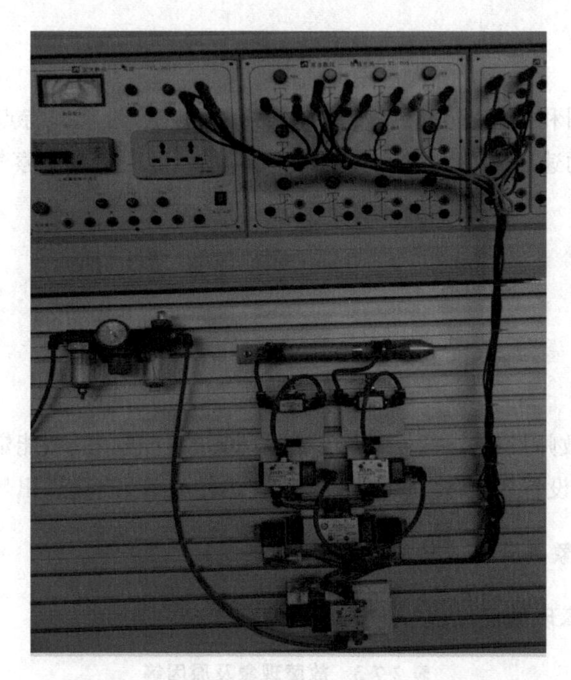

图 2-7-3 数控加工中心气动换刀系统实物

低于环境温度5℃以下,以防止空气中的水蒸气凝结。

(2) 气源压力设定在0.6MPa,通过压力表测量。

(3) 开气源时注意开关不要急开,防止压力过大冲落气管。

(4) 观察气缸的运动速度有无异常,气缸与换向阀有无异常声音。

(5) 注意电磁线圈和密封圈有无因发热而发出的特殊气味等。

(6) 观察气缸、管道有无振动。

4) 评分标准

评分标准见表2-7-2。

表 2-7-2 评分标准

序号	评价指标	评价内容	分值	小组评分	教师评分	备注
1	元件安装	元件安装不牢固,扣3分/只	10分			
		元件选用错误,扣5分/只				
		漏接、脱落、漏气,扣2分/处				
2	布线	布局不合理,扣2分/处	10分			
		长度不合理,扣2分/根				
		没有绑扎或绑扎不到位,扣2分/处				
3	通气	通气不成功,扣5分/次	10分			
		时间调试不正确,扣3分/处				
4	文明实训	没有条理地摆放工具、器件,扣6分	10分			
		完成后没有及时清理工位,扣4分				
合计			40分			

5. 思考与练习

(1) 根据原理图和控制图分析系统的控制过程、方法、性能和特点。

(2) 活塞的运动速度靠单向节流阀调节；试调节节流孔口，观察气缸的动作情况。

任务 7.2 排除故障

1. 故障设置

由小组成员或教师设置1～3处电、气路故障，如不能吹气、不能定位、不能夹紧、不能拔刀或不能插刀等(设置气路不通可使用透明胶挡住气管、改变进出气口等方法)。

2. 观察故障现象并分析故障原因

对观察到的故障现象及原因等记入表2-7-3中。

表 2-7-3 故障现象及原因等

故障序号	故障现象	分析原因	查找步骤	故障点
1				
2				
3				

3. 排除故障恢复功能

根据现象分析和查找步骤对故障点进行逐一排查，恢复系统功能。再根据任务7.1的要求调试好系统。

4. 注意事项

(1) 在设置故障和排除故障时，必须在关闭气源状态下进行。

(2) 绝不允许在通气状态下插拔气管。

(3) 在检查回路时，发生漏气现象要及时关闭气源。

(4) 在排查故障时，不能扩大故障点，不能损坏元件。

(5) 完成排故后，及时关闭气源，拆下管路和元件并放回原位。

5. 评分标准

评分标准见表2-7-4。

表 2-7-4　评分标准

故障序号	评价内容	分值	小组评分	教师评分	时间
1	分析错误,扣 3 分/处	10 分			
	判断故障点错误,扣 5 分/处				
	使用检测手段错误,扣 3 分/处				
	通气情况下插拔气管,扣 5 分/次				
	损坏元件,扩大故障点,扣 5 分/处				
2	分析错误,扣 3 分/处	10 分			
	判断故障点错误,扣 5 分/处				
	使用检测手段错误,扣 3 分/处				
	通气情况下插拔气管,扣 5 分/次				
	损坏元件,扩大故障点,扣 5 分/处				
3	分析错误,扣 3 分/处	10 分			
	判断故障点错误,扣 5 分/处				
	使用检测手段错误,扣 3 分/处				
	通气情况下插拔气管,扣 5 分/次				
	损坏元件,扩大故障点,扣 5 分/处				
合　计		30 分			

任务 7.3　气动机械手气动回路设计

1. 任务分析

初始状态是无杆缸在左位,提取缸活塞在上位,手指缸松开。前站将工件送至本站→提取缸下降至下位→手指缸将工件夹紧→提取缸上升至上位→无杆缸右移至右位→到位后提取缸下降至下位→手指缸将工件松开→提取缸上升至上位→无杆缸左移至左位→完成一次循环。气动机械手动作过程示意如图 2-7-4 所示。气动机械手动作分析见表 2-7-5。

表 2-7-5　气动机械手动作分析

执行元件 \ 电磁阀		Y1	Y2	Y3	Y4	Y5
提取缸	上伸	—	+			
	下移	+	—			
手指缸	夹紧			—		
	松开			+		
无杆缸	右移				+	—
	左移				—	+

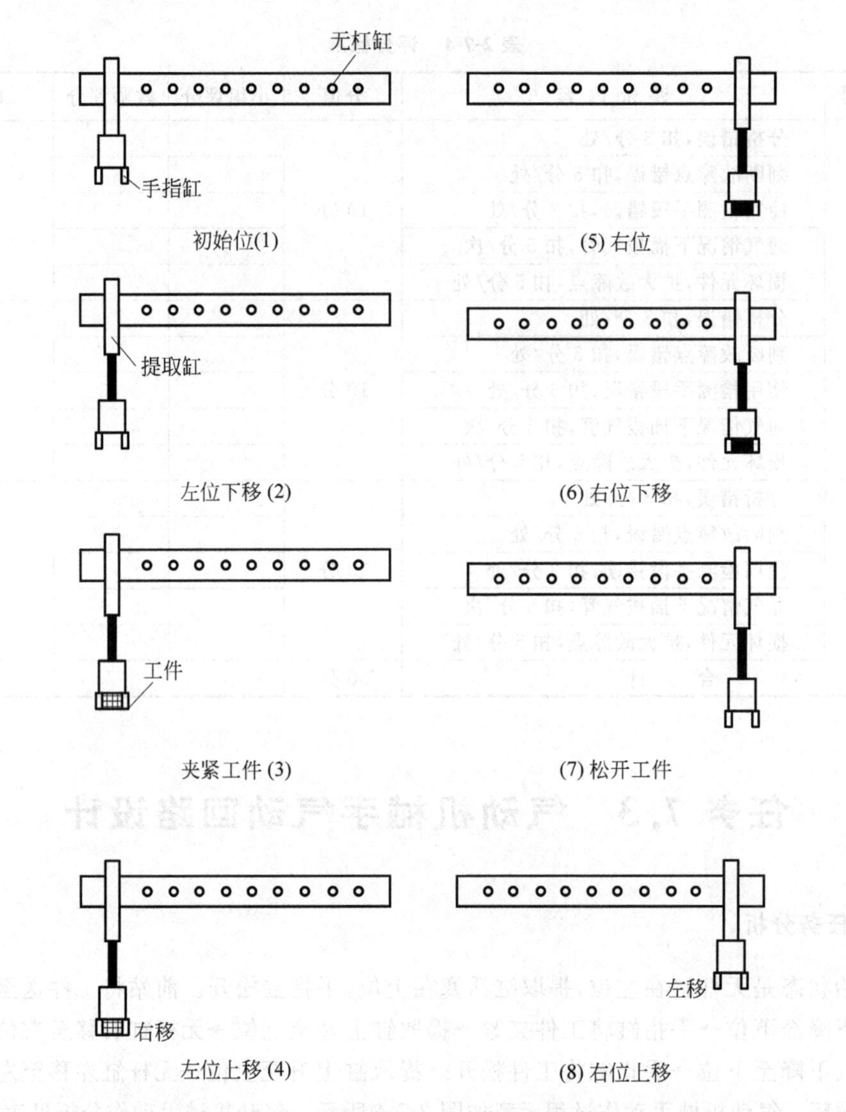

图 2-7-4　气动机械手动作过程示意图

2. 元件选择

1）执行元件的选择

根据任务对机构运动、所需力的大小和行程的长短要求来决定。在实训中的设计只考虑实训的条件，对执行元件选择为双作用气缸；为了避免气缸活塞在执行时造成较大的冲击力，在气缸的输入/输出口接入两只可调单向节流阀。

2）主控换向阀的选择

根据任务要求，执行元件提取缸、手指缸和无杆缸均采用双作用气缸，提取缸由双电控二位五通换向阀控制方向，用两个单向节流阀，采用排气节流方式控制速度。手指缸由单电控二位五通换向阀控制方向，为了安全，设计为失电夹紧工件；也是用两个单向节流阀，采用排气节流方式控制速度，手指缸为夹紧和松开用。无杆缸用双电控三位五通先导式换向阀控制方向，用两个单向节流阀，采用排气节流控制速度。

3）信号输入部分的选择

根据任务要求采用双电控、单电控二位五通换向阀和O形双电控三位五通换向阀，且在系统启动时执行元件必须在原始位置。所以在气缸的缩回位置上装有磁性开关检测缩回信号，系统启动使用手动按钮。

在实训设计中，对负载、速度和气泵等方面不予考虑。

3. 画回路控制图

画出气动机械手气动回路控制图。

气动机械手气动回路控制图

4. 搭建回路

搭建气动机械手气动回路，搭建调试成功后完成元件表2-7-6所要填写的内容。

表2-7-6 元件名称、符号及作用

序号	系统组成	元件名称	符号	元 件 作 用
1	执行元件			
2	主控元件			
3	输入部分			
4				
5				
6				
7	调速部分			
8				
9				
10	其他			
11				

5. 评分标准

评分标准见表 2-7-7。

表 2-7-7 评分标准

序号	评价指标	评 价 内 容	分值	小组评分	教师评分	备注
1	回路设计	执行元件设计正确,得 2 分	12 分			
		主控元件设计正确,得 2 分				
		输入部分设计正确,得 4 分				
		延时部分设计正确,得 4 分				
2	搭建调试	回路搭建正确,得 5 分	8 分			
		调试正确,得 3 分				
合 计			20 分			

6. 思考与练习

(1) 手指缸是电磁阀得电状态还是失电状态夹紧?为什么要如此设计?

(2) 请问在设计时气缸伸、缩到位情况用行程开关检测还是用传感器检测,比较它们的优、缺点。

(3) 试将电气控制用 PLC 来实现,并画出梯形图。

项目总成绩

序号	任 务	配分	得分	权重	最后得分	备 注
1	分析和搭建气动回路	40 分				
2	排除故障	30 分				
3	气、电回路设计	20 分				
4	文明实训	10 分				
合 计		100 分				

项目 8

设计气动钻床气动回路控制

学习目标

(1) 了解气动钻床的控制原理和控制方法。

(2) 了解气动钻床的逻辑控制、顺序控制原理。

技能目标

(1) 会正确使用气动模拟软件来设计气动钻床回路。

(2) 会分析控制系统回路图动作过程。

(3) 设计安装完整的气动钻床回路。

任务 8.1 分析气动钻床的工作回路

1. 气动钻床介绍

气动钻床(图 2-8-1)是一种采用气动钻削头完成主体运动(主轴旋转),再由气动滑台提供进给运动的钻床。气动钻床适用于高速、自动化加工的新型钻床,改变了普通钻床手工操作的旧习惯。可一个工人同时操作 2～3 台钻床,节能、节电,具有高精度、高效率等特点,为客户创造巨大的经济效益。

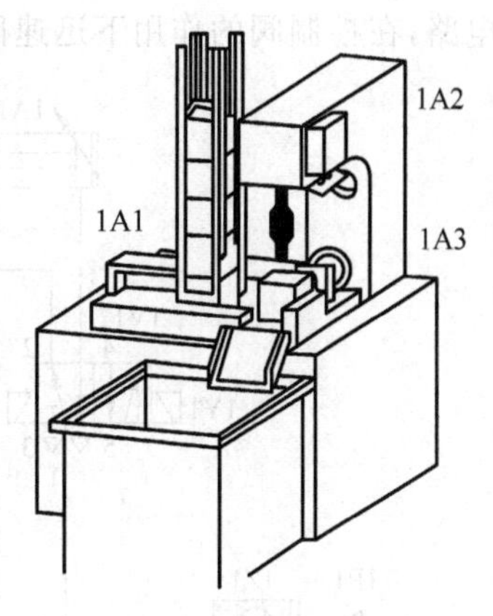

图 2-8-1 典型气动钻床结构

2. 任务分析:气动钻床的工作过程

气动钻床气压传动系统是用气压传动实现进给运动和送料、夹紧等辅助运动。这个系统有 3 个气缸,分别为送料/夹紧气缸 1A1、钻削气缸 1A2 和送料气缸 1A3。其动作顺序如图 2-8-2 所示,分别用气控和继电控制实现该过程的单次和循环运动。

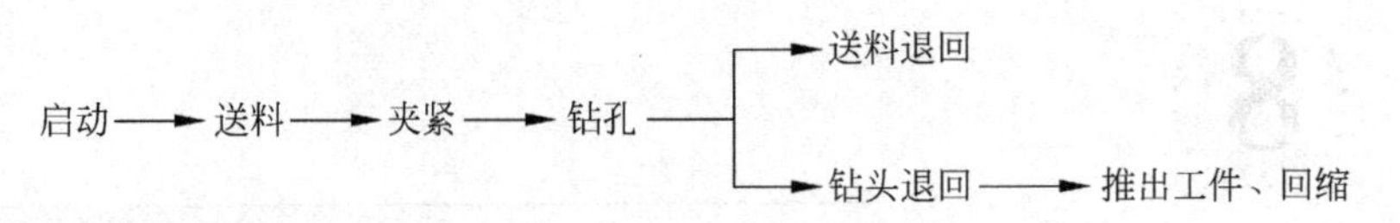

图 2-8-2　气动钻床动作顺序图

气缸 1A1 主要起到送料夹紧作用，而气缸 1A2 主要是实现切削加工，当切削完成后将由气缸 1A3 推出，设计时序过程如图 2-8-3 所示。

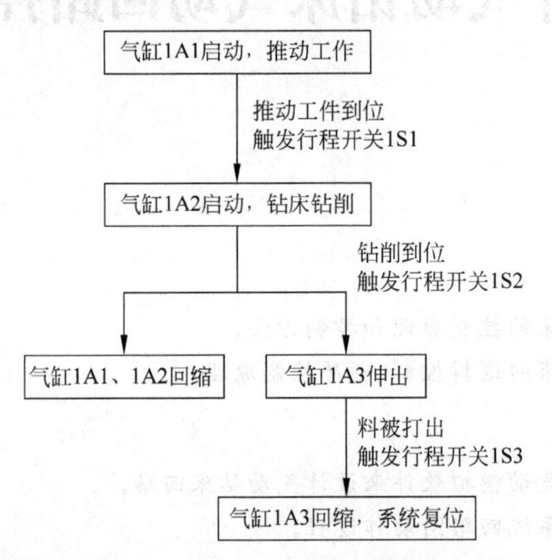

图 2-8-3　气动钻床时序过程

根据要求 1A1、1A2 采用双作用气缸，而 1A3 采用单作用气缸。图 2-8-4 所示为参考气动回路图，设置 3 个行程阀分别为 1S1、1S2、1S3，均在气缸末端。由于 1A3 必须在得电时才能伸出，而且要保持得电，所以在控制图 2-8-5 中使用了继电器 KA1。当按钮按下后 1A1 伸出到位，既推出工件又夹紧工件，1A2 得到到位信号后实施钻孔，当钻孔到位时，1A1、1A2 回缩，1A2 回缩到位后，触发 1A3 伸出，1A3 伸出到指定位置后，切断自锁电路，在控制阀的作用下迅速回缩。

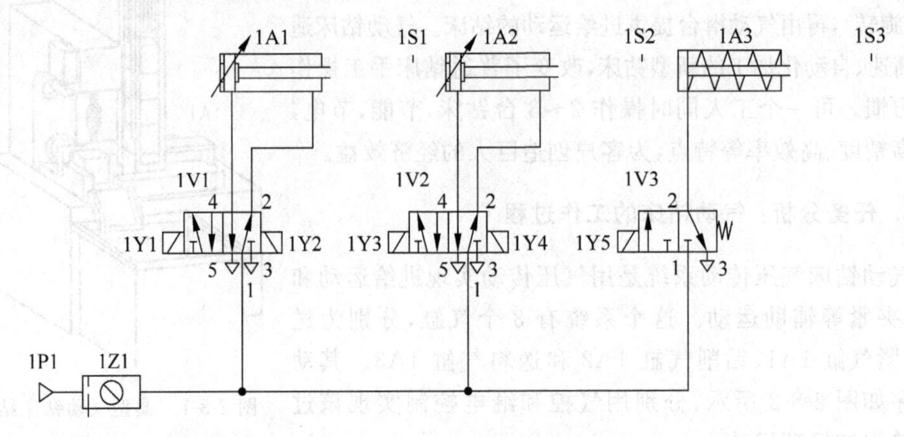

图 2-8-4　气动钻床气动回路

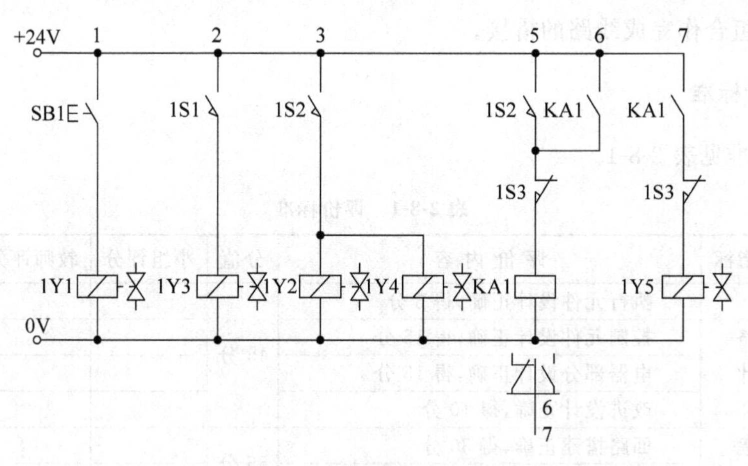

图 2-8-5　气动钻床电气原理

思考：

(1) 如果1A1、1A2回缩后要有一定的延迟，怎么改进？

(2) 采用什么样的控制方法最合适？

任务 8.2　气动钻床回路的模拟与实施

1. 任务实施

(1) 画出改进后的典型气动钻床回路，并通过FESTO软件模拟。

典型气动钻床回路改进图

(2) 小组合作完成线路的搭接。

2. 评价标准

评价标准见表 2-8-1。

表 2-8-1 评价标准

<table>
<tr><th>序号</th><th>评价指标</th><th>评 价 内 容</th><th>分值</th><th>小组评分</th><th>教师评分</th><th>备注</th></tr>
<tr><td rowspan="4">1</td><td rowspan="4">回路
设计</td><td>执行元件设计正确,得 5 分</td><td rowspan="4">45 分</td><td></td><td></td><td></td></tr>
<tr><td>控制元件设计正确,得 15 分</td><td></td><td></td><td></td></tr>
<tr><td>电器部分设计正确,得 15 分</td><td></td><td></td><td></td></tr>
<tr><td>改进设计正确,得 10 分</td><td></td><td></td><td></td></tr>
<tr><td rowspan="2">2</td><td rowspan="2">搭建
调试</td><td>回路搭建正确,得 30 分</td><td rowspan="2">55 分</td><td></td><td></td><td></td></tr>
<tr><td>调试正确,得 25 分</td><td></td><td></td><td></td></tr>
<tr><td colspan="3">合 计</td><td>100 分</td><td></td><td></td><td></td></tr>
</table>

3. 思考

气动回路设计过程除了回路本身的设计还需要考虑哪些因素?

项目 9

液压动力滑台回路控制

学习目标

了解液压动力滑台的工作过程。

技能目标

能分析液压动力滑台的回路并模拟相关回路。

任务 9.1 液压动力滑台的控制回路分析

动力滑台是组合机床的主要通用部件，是用来实现进给运动的，只要配有不同用途的主轴头，就可实现钻、扩、铰、镗、铣、刮端面、倒角及攻螺纹等加工。图 2-9-1 所示是动力滑台液压系统。

该系统采用限压式变量泵供油、电液动换向阀换向；由液压缸差动连接来实现快进；用行程阀实现快进与工进的转换；二位二通换向阀进行两个工进速度之间的换接。通常实现的工作循环为：快进→第一次工进→第二次工进→止挡块停留→快退→原位停止。

1）快进

电磁铁 1YA 得电，电液动换向阀 6 的先导阀阀芯右移，引起主阀芯右移，使其主阀的左位接入系统，其主油路如下：

进油路　泵 1→单向阀 2→换向阀 6 左位→行程阀 11 下位→液压缸左腔。

回油路　液压缸右腔→换向阀 6 左位→单向阀 5→行程阀 11 下位→液压缸左腔。形成差动连接。

2）第一次工作进给

当滑台快速运动到预定位置时，滑台上的行程挡块压下了行程阀 11 的阀芯，切断了该通道，使压力油须经调速阀 7 进入液压缸的左腔。由于油液流经调速阀，系统压力上升，打开液控顺序阀 4，此时单向阀 5 的上部压力大于下部压力，所以单向阀 5 关闭，切断了液压缸的差动回路，回油经液控顺序阀 4 和背压阀 3 流回油箱，使滑台转换为第一次工

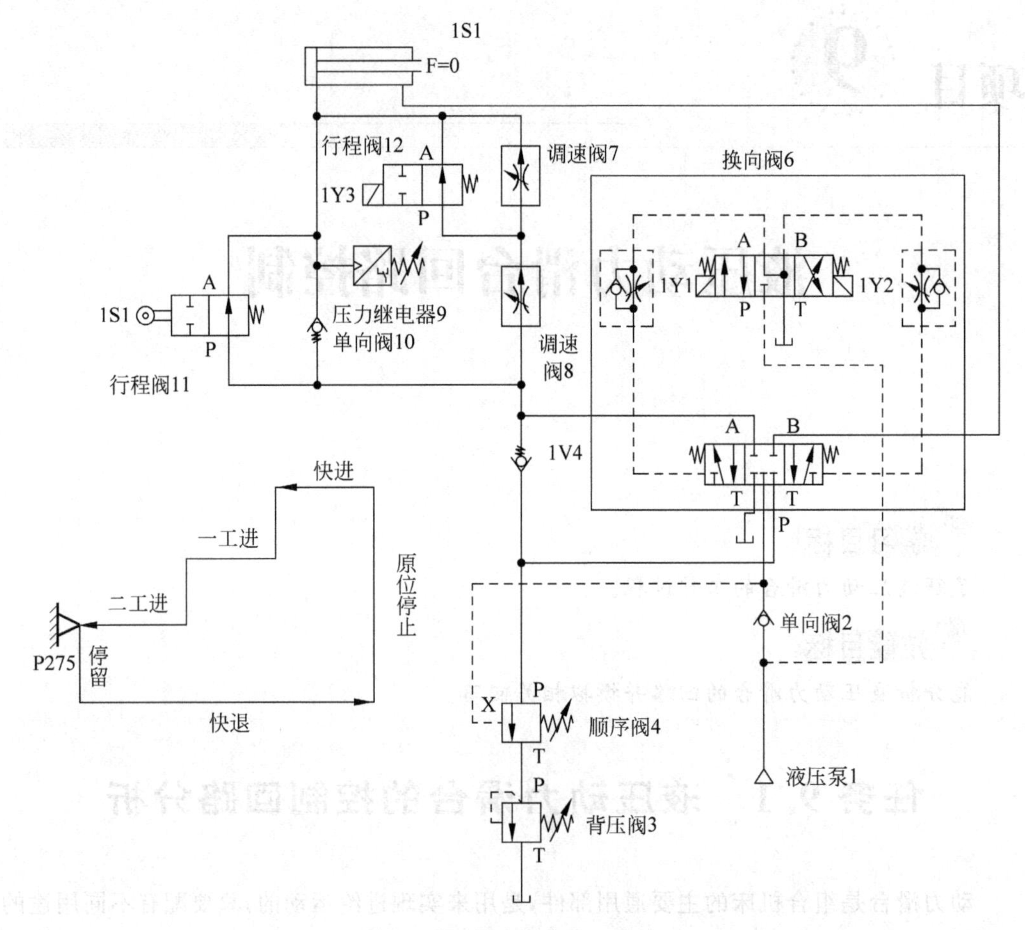

图 2-9-1 动力滑台液压系统

作进给。其油路如下：

进油路 泵 1→ 单向阀 2 →换向阀 6 左位 →调速阀 7 →换向阀 12 右位→ 液压缸左腔。

回油路 液压缸右腔 →换向阀 6 左位→ 顺序阀 4 →背压阀 3 →油箱。

因为工作进给时系统压力升高，所以变量泵 1 的输油量便自动减小，以适应工作进给的需要，进给量大小由调速阀 7 调节。

3）第二次工作进给

第一次工进结束后，行程挡块压下行程开关使 3YA 通电，二位二通换向阀将通路切断，进油必须经调速阀 7、8 才能进入液压缸，此时由于调速阀 8 的开口量小于阀 7，所以进给速度再次降低，其他油路情况同第一次工进。

4）止挡块停留

当滑台工作进给完毕后，碰上止挡块，滑台不再前进，停留在止挡块处，同时系统压力升高，当升高到压力继电器 9 的调整值时，压力继电器动作，经过时间继电器的延时，再发出信号使滑台返回，滑台的停留时间可由时间继电器在一定范围内调整。

5）快退

时间继电器经延时发出信号，2YA 通电，1YA、3YA 断电，主油路为：

进油路　泵 1→ 单向阀 2 →换向阀 6 右位→ 液压缸右腔。

回油路　液压缸左腔 →单向阀 10 →换向阀 6 右位→油箱。

6）原位停止

当滑台退回到原位时，行程挡块压下行程开关，发出信号，使 2YA 断电，换向阀 6 处于中位，液压缸失去液压动力源，滑台停止运动。液压泵输出的油液经换向阀 6 直接回油箱，泵卸荷。

任务 9.2　模拟分析相关的回路

1. 模拟练习

通过模拟软件对液压动力滑台进行模拟。

2. 对相关回路进行书写

回路包括进油回路和回油回路。

3. 评价标准

评价标准见表 2-9-1。

表 2-9-1　评价标准

序号	评价指标	评 价 内 容	分值	小组评分	教师评分	备注
1	回路模拟	动力、执行元件模拟得当，得 15 分	55 分			
		控制元件模拟得当，得 15 分				
		辅助元件模拟得当，得 10 分				
		整体模拟得当，得 15 分				
2	油路分析	进油路分析正确，得 20 分	45 分			
		回油路分析正确，得 20 分				
		整体分析正确，得 5 分				
合　计			100 分			

4. 思考与练习

图 2-9-2 所示为专用钻镗床液压系统，能实现“快进—一工进—二工进—快退—原位停止”工作循环。

（1）填写其电磁铁动作顺序表(见表 2-9-2)。

（2）分析组成系统的液压基本回路。

（3）写出一工进时的进油路线和回油路线。

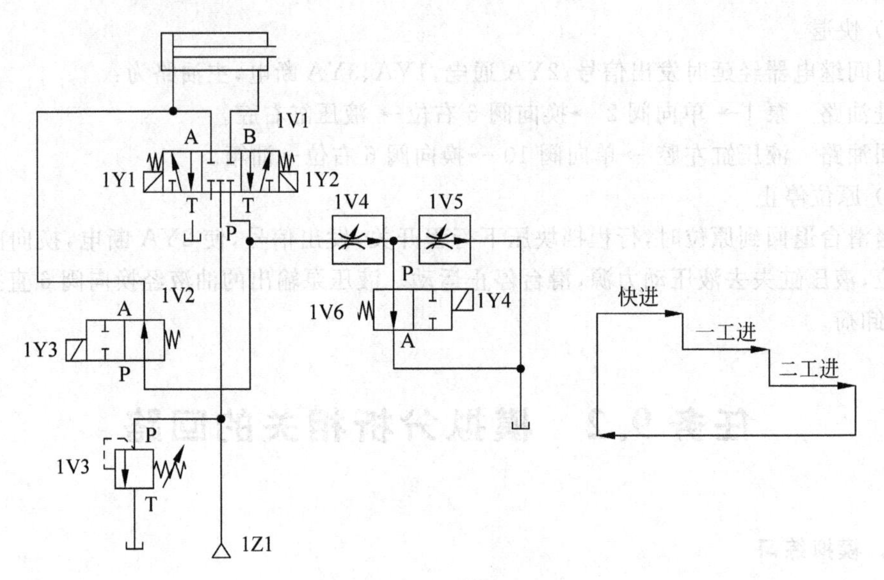

图 2-9-2　钻镗床液压系统

表 2-9-2　电磁铁动作顺序表

动　作	1Y1	1Y2	1Y3	1Y4
快进				
一工进				
二工进				
快退				
原位停止				

附录

常用液压与气动元件图形符号（GB/T 786.1—1993摘录）

表 1　基本符号、管路和连接图形符号

名　称	符　　号	说　明	名　称	符　　号	说　明
液压源		一般符号	消声器	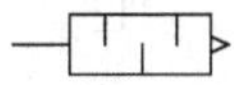	气动
气压源		一般符号	直接排气		不带 连接措施
电动机	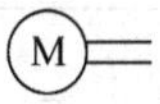		带连接排气	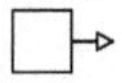	
原动机	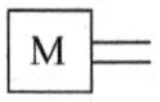	电动机 除外	报警器	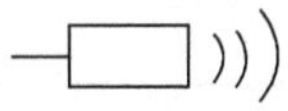	气动
工作管路			组合元件线		
控制管路	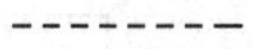		快换接头	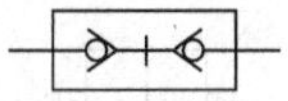	带单向阀
连接管路	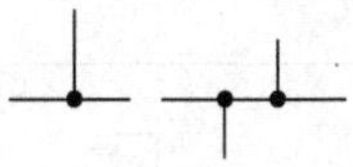			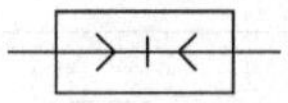	无单向阀
交叉管路	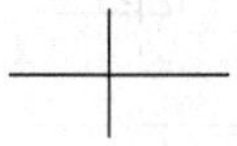		旋转接头	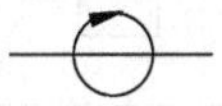	单通路
柔性管路					三通路

表 2　控制机构和控制方式图形符号

名　称	符　　号	说　明	名　称	符　　号	说　明
人力控制		按钮式	电气控制		单作用 电磁控制
		手柄式			双作用 电磁控制
		踏板式	电机控制	M	旋转
机械式		顶杠式	电反馈控制		
		弹簧式	加压控制		气压先导 内控
		滚轮式			液压先导 外控
		单向 滚轮式			液压先导 二级内控
压力控制		加压 或卸压			气液先导 外控
	2　1	差动控制			电液先导 外控
		内部压力			电气先导 外控
		外部压力	卸压控制		液压先导 内控

表 3　泵、马达和缸图形符号

名　称	符　　号	说　明	名　称	符　　号	说　明
液压泵		一般符号	传动装置		液压整体式
气马达		一般符号	摆动马达		
定量泵		单向	弹簧复位缸		单作用
		双向	伸缩缸		单作用
变量泵		单向			双作用
		双向	单活塞缸		双作用
定量马达		单向	双活塞缸		双作用
		双向	缓冲缸		单向
变量马达		单向			双向
		双向	增压缸		
定量泵马达			气液转换器		

表 4 控制元件图形符号

名 称	符 号	说 明	名 称	符 号	说 明
单向阀			节流阀		不可调
气、液控 单向阀	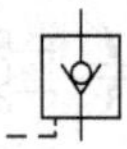				可调
或门型梭阀	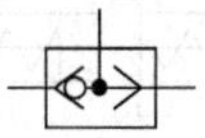	或门	单向节流阀	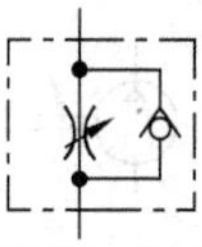	可调
与门型梭阀	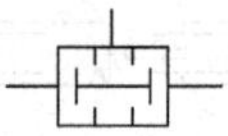	与门	消声节流阀	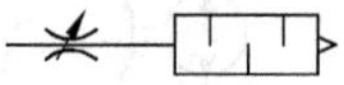	带消声器
快速排气阀	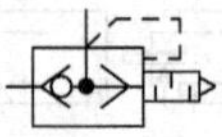		调速阀	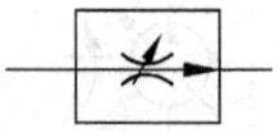	
二位二通 换向阀	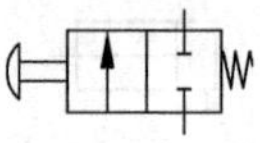	手动		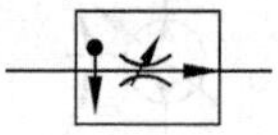	温度补偿
二位三通 换向阀	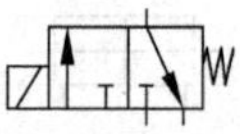	电动		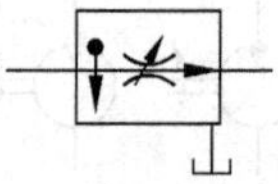	旁通型
二位四通 换向阀	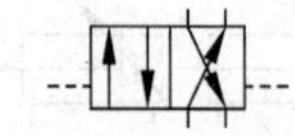	液动 或气动	单向调速阀	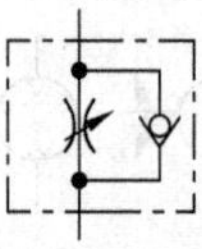	
二位五通 换向阀	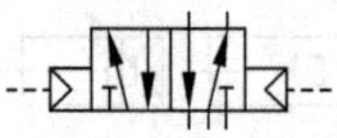	先导	分流阀	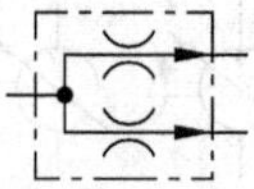	
三位四通 换向阀	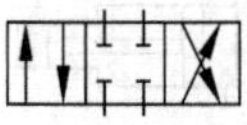	通用	集流阀	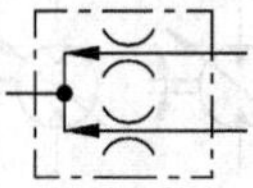	
三位五通 换向阀	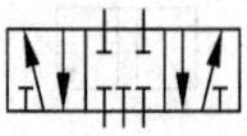	通用	液压锁	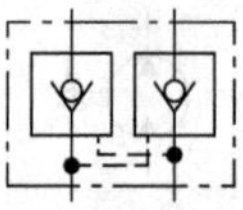	

续表

名　称	符　　号	说　明	名　称	符　　号	说　明
溢流阀		直动型	定比减压阀		
		先导型	定差减压阀		
电磁比例溢流阀		先导型	顺序阀		直动型
卸荷溢流阀					先导型
减压阀		直动型	单向顺序阀		平衡阀
		先导型	卸荷阀		
溢流减压阀			四通电液伺服阀		典型例
比例电磁式溢流阀		先导型			

表5 辅助元件图形符号

名称	符号	说明	名称	符号	说明
油箱		管口 在液面上	油雾器		
		管口 在液面下	气源 调节装置		
		管口 在箱下	冷却器		
		加压 或封闭	加热器		
过滤器		一般符号	储能器		一般符号
磁芯过滤器			气罐		
污染指示 过滤器			压力计		
分水排水器			液面计		
空气过滤器			温度计		
除油器			流量计		
空气干燥器			压力继电器		

参 考 文 献

[1] 张林.液压与气动传动技术[M].北京：人民邮电出版社，2008.
[2] 任慧荣.气压与液压传动控制技能训练[M].北京：高等教育出版社，2006.
[3] 胡海清.气压与液压传动控制技术基础常识[M].北京：高等教育出版社，2005.
[4] 胡海清，陈庆胜.气压与液压传动控制技术[M].北京：北京理工大学出版社，2009.
[5] 左健民.液压与气压传动[M].北京：机械工业出版社，1998.
[6] 兰建设.液压与气压传动 [M].北京：高等教育出版社，2002.
[7] 苏启东，杨建东.气动与液压控制项目训练教程[M].北京：高等教育出版社，2010.
[8] 亚龙 YL—224 型 PLC 控制的液压与气动实训装置使用说明书，2009.